ZEITSCHRIFT FÜR ANGEWANDTE GEOLOGIE

HERAUSGEGEBEN VOM
ZENTRALEN GEOLOGISCHEN INSTITUT
IM AUFTRAG DES
STAATSSEKRETARIATS FÜR GEOLOGIE

AUS DEM INHALT

AKADEMIE-VERLAG · BERLIN

BAND 17/HEFT 3
MÄRZ 1971
SEITE 61—112

	INHALT	СОДЕРЖАНИЕ	CONTENTS	
H. HARWARDT	Laser und ihre Anwendungen in der Geophysik	Лазеры и их применение в геофизике	Lasers and their Applications in Geophysics	61
P. KÜHN	Stand und Entwicklungstendenzen der Seegeophysik unter besonderer Berücksichtigung der geoelektrodynamischen Verfahren	Состояние и тенденции к развитию морской геофизики с особенным учетом геоэлектродинамических методов	Status and Development Trends of Marine Geophysics, with Special Reference to Geodynamo-Methods	68
D. A. TUGOLESOW, JU. JA. KUSNEZOW, L. R. REWIN, A. P. MILASHIN, W. W. FEDYNSKIJ	Probleme der Erdöl- und Erdgassuche im Ostseebecken	Проблема поисков нефти и газа во впадине Балтийского моря	Problems of Prospecting for Oil and Gas in the Baltic Basin	73
G. TISCHENDORF	Zu Problemen der Metallogenie in der Deutschen Demokratischen Republik III. Das System metallogenetischer Faktoren und Indikatoren als Grundlage für die Prognose endogen-epigenetischer Zinnlagerstätten im Erzgebirge und der Versuch der Ableitung eines allgemeinen metallogenetischen Wirkprinzips	К проблемам металлогении в Германской Демократической Республике III. Система металлогенических факторов и индикаторов, как основа для прогноза эндогенно-эпигенетических месторождений олова в Рудных горах и попытка вывода всеобщего металлогенического принципа действия	On Metallogenetic Problems in the German Democratic Republic Part III: The System of Metallogenetic Factors and Indicators Taken as a Basis for Prognosticating Endogenic-Epigenetic Tin Deposits in the Erzgebirge and an Attempt Made to Derive a Universal Metallogenetic Principle of Action	81
E. M. US	Die Effektivität geologischer Erkundungsarbeiten auf Erdgas und die Abbauvorbereitung tieflagernder Gaskondensatlager im Gebiet Krasnodar	Эффективность геологоразведочных работ на газ и подготовка к разработке глубокозалегающих газоконденсатных залежей в Краснодарском крае	The Effectiveness of Geological Exploratory Works for Natural Gas and the Preparation of Exploiting Deep-Seated Deposits of Gas Condensate in the Area of Krasnodar	88
	Theoretische Grundlagen der Suche und Erkundung fester mineralischer Rohstoffe, Bd. I: Die Suche	Теоретические основы поисков и разведки твердых полезных ископаемых. Том I: Поиски	Theoretical Bases of Prospecting and Exploring for Solid Mineral Raw Materials Vol. I: Prospecting	90
K. MILDE-DARMER	Die „gleitende Optimierung" — eine Methode zur Ermittlung der für die Lagerstättenerkundung notwendigen Anzahl von Bohrungen	„Скользящая оптимализация" — метод выявления необходимых для разведки месторождений количеств скважин	The "Sliding Optimisation" — a Method for Determining the Number of Bore Holes Necessary for Exploring Deposits	92
I. W. NASAROW	Einige methodische Fragen der Anwendung der Mathematik in der Geologie	Некоторые методические вопросы применения математики в геологии	Some Methodical Problems of Using Mathematics in Geology	95
	Bericht über eine Tagung der IAGOD-IMA sowie der IAGC in Tokyo, Japan	Отчет о совещании IAGOD-IMA и IAGC в Токио, Япония	Report of a Congress of the IAGOD-IMA as well as of the IAGC in Tokyo, Japan	99
	17. Jahrestagung der Deutschen Gesellschaft für Geologische Wissenschaften	17. сессия Немецкого геологического общества	17th Annual Meeting of the German Society for Geological Sciences	102
Buchbesprechungen, Informationen, Kurznachrichten				108

Die ZEITSCHRIFT FÜR ANGEWANDTE GEOLOGIE berichtet ständig über folgende Arbeitsgebiete: Geologische Grundlagenforschung und Lagerstättenforschung / Methodik der geologischen Erkundung / Ökonomie und Planung der geologischen Erkundung / Technik der geologischen Erkundung / Geologie und Lagerstättenkunde im Ausland. In der Zeitschrift können alle strittigen Fragen der praktischen Geologie behandelt werden. Die Autoren übernehmen für ihre Aufsätze die übliche Verantwortung.

ZEITSCHRIFT FÜR ANGEWANDTE GEOLOGIE

Träger der Ehrennadel in Gold der Gesellschaft für Deutsch-Sowjetische Freundschaft

KOLLEKTIVE CHEFREDAKTION

Dr. K. KAUTER (Redaktionssekretär)
Prof. Dr. F. STAMMBERGER
Dr. habil. G. TISCHENDORF

BAND 17 · MÄRZ 1971 · HEFT 3

Laser und ihre Anwendungen in der Geophysik

HANS HARWARDT, Freiberg (Sa.)

(Veröffentlichung Nr. 149 der Sektion Geowissenschaften der Bergakademie Freiberg, Arbeitsgruppe Geophysik)

I. Einleitung

Im Jahre 1960 gelang MAIMAN als erstem die experimentelle Verwirklichung der Laserstrahlen, die auf Grund theoretischer Überlegungen 1958 von SCHAWLOW und TOWNES vorausgesagt worden waren. Nur wenige Monate nach den ersten gelungenen Experimenten zeichnete sich eine Fülle von Anwendungen auf den verschiedensten Gebieten der Wissenschaft und Technik ab, deren Realisierung mit gewöhnlichen Lichtquellen nicht oder nur sehr bedingt möglich war.

Die Entwicklung auf dem Lasergebiet ist noch keinesfalls abgeschlossen. Jeden Monat erscheinen etwa 200 Originalarbeiten (GÜRS 1970); die Zeit, in der sich das Wissen verdoppelt, beträgt auf dem Lasergebiet 2 Jahre gegenüber einem Durchschnitt von 10 Jahren.

Das Wort Laser ist ein Akronym aus „*L*ight *A*mplification by *S*timulated *E*mission of *R*adiation", wörtlich übersetzt „Lichtverstärkung durch stimulierte Aussendung von Strahlung"; es kennzeichnet aber das Gerät insofern nicht ganz richtig, als es sich bei den meisten in Betrieb befindlichen Lasern nicht um Verstärker, sondern um Generatoren handelt, so daß der Terminus „optische Hochfrequenzsender" dem wahren Sachverhalt wesentlich näher kommt.

Im folgenden soll zunächst das Grundprinzip des Lasers dargestellt werden, jedoch nur so weit, wie es zum prinzipiellen Verständnis der Eigenschaften der Laserstrahlung erforderlich ist. Daran anschließend werden als Anwendungsmöglichkeiten für die Geophysik drei Gebiete etwas näher betrachtet: die Entfernungsmessung, die optische Informationsverarbeitung und die Holographie.

II. Prinzip des Lasers

Zur Realisierung eines Lasers benötigt man, wie Abb. 1 zeigt, grundsätzlich dreierlei (BRAND 1964):

1. einen Werkstoff, in dem sich Atome oder Moleküle in einem geeigneten Energieniveauschema befinden;

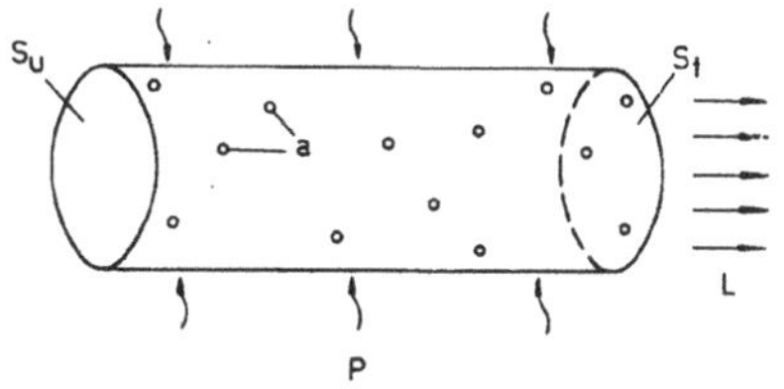

Abb. 1. Schema eines optisch gepumpten Lasers (umgezeichnet nach BRAND 1964)

a = aktive Ionen; P = Pumplicht; Su = undurchlässiger Spiegel; S_t = teildurchlässiger Spiegel; L = Laserlicht

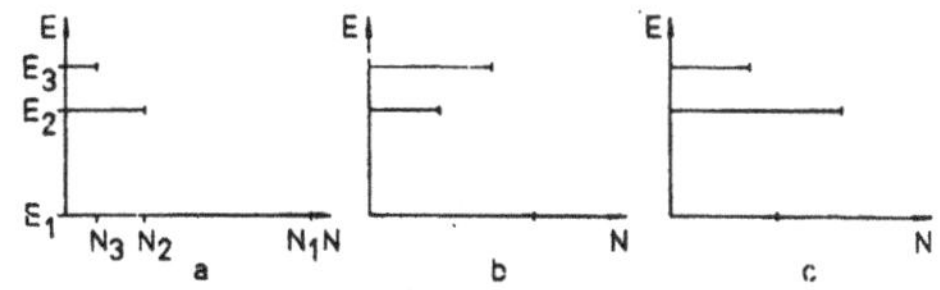

Abb. 2. Energieniveaubesetzung bei einem 3-Niveau-Laser (umgezeichnet nach BRAND 1964)

a = Besetzung bei thermischem Gleichgewicht; b = Besetzungsinversion zwischen Niveau 3 und Niveau 2 durch „Sättigungspumpen" zwischen Niveau 1 und Niveau 3; c = Besetzungsinversion zwischen Niveau 1 und Niveau 2 durch zusätzliche strahlungslose Übergänge von Niveau 3 nach Niveau 2; E = Energie; N = Besetzungszahl

Beim Rubinlaser sind die für den Laserprozeß interessierenden drei Energieniveaus E_1, E_2, E_3 in Abb. 2 dargestellt. Die Besetzungszahl N ist im thermischen Gleichgewicht durch die BOLTZMANN-Verteilung gegeben (Abb. 2a). Ein Ion der Energie E_3 kann auf drei Arten seine Energie ändern: Durch Abgabe der Energie $E_3 - E_2$ an das Kristallgitter (strahlungsloser Übergang) nimmt es die Energie E_2 an. Durch Aussendung eines Photons der Energie $E_3 - E_1 = h\nu_{13}$ ohne erkennbaren äußeren Anlaß (spontane Emission) kann es die Energie E_1 annehmen. Schließlich kann durch Stoß mit einem Photon der Energie $E_3 - E_1$ ein zweites Photon der gleichen Energie mit gleicher „Phase" ausgelöst werden (induzierte Emission), so daß auch bei diesem Vorgang dem Ion die Energie E_1 verbleibt;

2. eine Energiepumpe, mit der die natürliche Besetzung der Energieniveaus nach Abb. 2a invertiert werden kann;

Wird der Rubin mit Licht der Frequenz ν_{13} bestrahlt, so gehen mehr Ionen vom Zustand E_1 nach E_3 als von E_3 nach E_1, solange $N_1 > N_3$ ist; das thermische Gleichgewicht wird zerstört (Abb. 2b). Der strahlungslose Übergang von E_3 nach E_2 erfolgt jedoch so schnell gegenüber allen anderen Übergängen, daß das Verhältnis N_3/N_2 praktisch den gleichen Wert wie im thermischen Gleichgewicht besitzt. Alle Ionen, die durch das Pumplicht in das Niveau E_3 gebracht wurden, nehmen daher die Energie E_2 an. Auf diese Weise kann $N_2 > N_1$ werden (Abb. 2c). Ein Lichtquant der Frequenz ν_{12} kann nun durch induzierte Emission ein Quant der gleichen Frequenz abrufen, und diese beiden Quanten können ihrerseits durch denselben Prozeß wieder jeweils ein Quant frei machen und so fort. Für eine Lichtabstrahlung nach außen müssen diese Erzeugungsprozesse größer als die Verluste durch Absorption usw. werden. Das erreicht man durch

3. einen optischen Resonator.

Dieser Resonator wird praktisch vom Rubinkristall selbst gebildet, dessen Endflächen sehr genau plangeschliffen

Eingang des Manuskripts in der Redaktion: 14. 8. 1970.

sind. Das eine Ende ist mit einer total reflektierenden Schicht überzogen, das andere ist nur so weit verspiegelt, daß es für Licht halbdurchlässig ist. Nur in Richtung der Resonatorachse, senkrecht zu den Spiegelebenen, kann das Licht das aktive Medium viele Male durchlaufen und daher entsprechend viele Ionen zu induzierter Emission veranlassen. Die Laserstrahlung verläßt den Rubinkristall also an seinem halbdurchlässigen Ende in Form eines scharf gebündelten Strahls (Abb. 1). Der Resonator bestimmt Frequenz, Bündelungsschärfe und Monochromasie der Laserstrahlung entscheidend mit.

Die heute für praktische Anwendungen wichtigsten Lasertypen sind Festkörper-, Gas- und Halbleiterlaser. Die charakteristischen Merkmale der Laser, wie Anregung, Wirkungsgrad, Strahlungsdauer und die Eigenschaften der erzeugten Laserstrahlung, sind für die einzelnen Typen recht unterschiedlich, wie aus der Tabelle hervorgeht.

Tab. Ausstrahlungseigenschaften typischer Laser (nach MEINEL, NEUBERT & WIEDERHOLD 1963 u. RIECK 1964)

	Festkörperlaser	Gaslaser	Halbleiterlaser
aktives Medium	Rubin	Helium-Neon	GaAs-Diode ($T = 77\,°K$)
Wellenlänge	0,6943 μm	0,6328 μm	0,84 μm
Betriebsart	Impulsbetrieb	kontinuierlich	kontinuierlich
Anregung	optisches Pumpen	Gasentladung	Trägerinjektion
Wirkungsgrad	0,01 bis 1%	0,01 bis 1%	ca. 50%
Impulsleistung	> 10 kW	–	–
mittlere Leistung	1 W	1 bis 20 mW	3 W
Öffnungswinkel	0,3°	0,5′	1 bis 10°
Spektralbreite	10 MHz	20 Hz bis 10 kHz	
Kohärenzlänge	30 m	30 bis 15000 km	

III. Eigenschaften der Laserstrahlung

Die mit Lasern herstellbare Strahlung zeichnet sich vor allem durch drei Eigenschaften aus (KLINGER 1965):

1. Bündelungsschärfe

Die Parallelbündelung des Laserlichts wird durch Beugung an der strahlenden Fläche, Länge und Form des Resonators, Güte der Spiegel, Größe der anregenden Pumpenergie usw. begrenzt. Der in der Tabelle angegebene unfokussierte Austrittswinkel läßt sich durch einfache optische Systeme auf ungefähr einige Winkelsekunden verringern. Diese Strahldivergenz dürfte für praktische Anwendungen, wie Entfernungsmessung langer Strecken, Nachrichten- und Energieübertragung usw., die Höchstforderung darstellen, da einerseits die Extinktion der Atmosphäre eine noch engere Bündelung in kurzem Abstand zerstören würde und andererseits die Anpeilung eines Reflektors bzw. Aufnahmesystems sehr problematisch würde.

2. Zeitliche und räumliche Kohärenz

Eine Strahlung heißt zeitlich kohärent, wenn alle Wellenzüge die gleiche Frequenz haben. Herrscht zusätzlich eine feste Phasenbeziehung zwischen den Wellenzügen, so spricht man von räumlicher Kohärenz. Die Länge der Wellenzüge heißt Kohärenzlänge. Bei den herkömmlichen Lichtquellen werden völlig ungeordnet und spontan kurze Lichtwellenzüge, die untereinander keinen Phasenzusammenhang haben, emittiert. Die maximal erreichbaren Kohärenzlängen betragen einige Dezimeter bis Meter. Mit stabilisierten Gaslasern erreicht man langzeitig Kohärenzlängen von etwa 300 km bzw. Spektralbreiten von $\approx$ 1 kHz. Die ausgezeichneten Kohärenzeigenschaften der Laserstrahlung haben es vielfach erst ermöglicht, die prinzipiell mit Licht realisierbaren Anwendungen, wie zum Beispiel die optische Holographie, technisch zu verwirklichen.

3. Strahlungsdichte

Wegen der hohen Bündelungsschärfe läßt sich beim Laser fast die gesamte Ausgangsleistung mit optischen Systemen in einem Beugungsscheibchen von einigen μm Durchmesser konzentrieren. So erreichte kürzlich BASOW mit einer Riesenimpuls-Laserleistung von 10^{11} W eine Strahlungsdichte von ca. 10^{19} W/cm^2 (BASOW 1970). Dagegen betragen die mit der Sonnenstrahlung erreichbaren Strahlungsdichten nur etwa 10^3 W/cm^2. Die mit Lasern erreichbaren hohen Strahlungsdichten werden gegenwärtig vor allem in der Materialbearbeitung, in der nichtlinearen Optik usw. verwendet, wo sie z. T. völlig neue Anwendungsgebiete erschlossen haben (KLINGER 1965).

IV. Anwendungen in der Geophysik

Entfernungsmessungen

Auf Entfernungsmessungen lassen sich fast alle Überwachungsmessungen, sei es an großen Bauwerken oder in geologischen Bruchzonen, zurückführen. Für die Anwendung des Lasers in der Entfernungsmessung gibt es drei Möglichkeiten (MONTAG 1968). In allen Fällen trifft das Lasersignal auf ein Objekt (Spiegel oder diffus reflektierender Gegenstand), wird von dort reflektiert und erreicht einen Empfänger nahe dem Laser. Je nachdem, was entsprechend der Art des Lasersignals gemessen wird, unterscheidet man:

1. die Messung der Laufzeit eines Laserimpulses zum Objekt und zurück (Laserradar);

2. die Messung der Phasenverschiebung eines modulierten Lasersignals zwischen Sendung und Empfang (entsprechend der elektrooptischen Entfernungsmessung);

3. Interferenzmessung mit Hilfe des kohärenten Laserlichts.

Alle drei Möglichkeiten existieren im Prinzip auch für herkömmliches Licht. Bedeutung hat aber lediglich die elektrooptische Entfernungsmessung bekommen. Die Laufzeitmessung eines gewöhnlichen Lichtsignals war zu ungenau, und die interferometrische Messung war wegen der geringen Kohärenzlänge praktisch auf Längen von einigen Dezimetern bis Metern begrenzt.

In der Strainseismometrie liegt die Aufgabe vor, kleine, im allgemeinen sehr langsame Längenänderungen Δl einer großen Basis l zu messen. Die Analyse der mit Erdbeben, Gezeiten und Eigenschwingungen der Erde verbundenen Krustendeformationen Δl gibt die Möglichkeit, über den Aufbau der Erde und ihr elastisches Verhalten im großen Auskunft zu erhalten. Die Messung der Krustendeformationen ist darüber hinaus von eminent wirtschaftlicher Bedeutung, z. B. für die Sicherung von technischen Großbauten, wie Talsperren, Gruben usw. In Verbindung mit anderen Beobachtungsverfahren versucht man, das Strainseismometer auch für eine wissenschaftlich begründete Voraussage von Erdbeben, Gebirgsschlägen, Vulkanausbrüchen usw. einzusetzen.

Beim Strainseismometer sind zwei Pfeiler fest mit dem Untergrund verbunden. Die Relativbewegung Δl zwischen ihnen wird meßtechnisch dadurch zugänglich gemacht, daß man den einen Pfeiler durch ein Längennormal in die Nähe des anderen verlängert und Δl in eine elektrische Größe transformiert. Als Längennormal werden bei den üblichen Ausführungen Materialien mit kleinem Temperaturkoeffizienten der Ausdehnung verwendet (Quarzstange, Invardraht), um Verfälschungen des Meßergebnisses zu unterdrücken. Die Laserinterferometrie bietet hier eine neue Möglichkeit. Beim Laser-Strainseismometer von VALI & BOSTROM werden, wie Abb. 3 zeigt, auf die beiden Pfeiler Spiegel aufgesetzt, und als Längennormal wird ein Laserstrahl verwendet, der den größten Teil seines Weges (bis auf einige mm) in einem hochevakuierten Al-Rohr ($p < 10^{-5}$ Torr) zurücklegt (VALI & BOSTROM 1968). Durch Überlagerung der von den beiden Spiegeln reflektierten Lichtstrahlen tritt eine Interferenzerscheinung auf, die über einen Galvanometerspiegel und nach Strahlenteilung auf die Eintrittsöffnung zweier Fotomultiplier abgebildet wird. Ändert sich der Abstand der beiden Spiegel, so tritt wegen der Änderung der Interferenzerscheinung eine Änderung der Ausgangsspannung der Fotomultiplier auf, die dadurch kompensiert wird, daß durch das Galvanometer ein Zusatzstrom geschickt wird. Dieser Zusatzstrom ist ein Maß für die Abstandsänderung Δl. Nach einer Verschiebung von $\lambda/2$ wird der Strom kurzzeitig unterbrochen und der Galvanometerspiegel zurückgeführt. Der Sprung auf der Registrierung dient zur Eichung. Aus der Sprungrichtung erkennt man das Vorzeichen der Verschiebung.

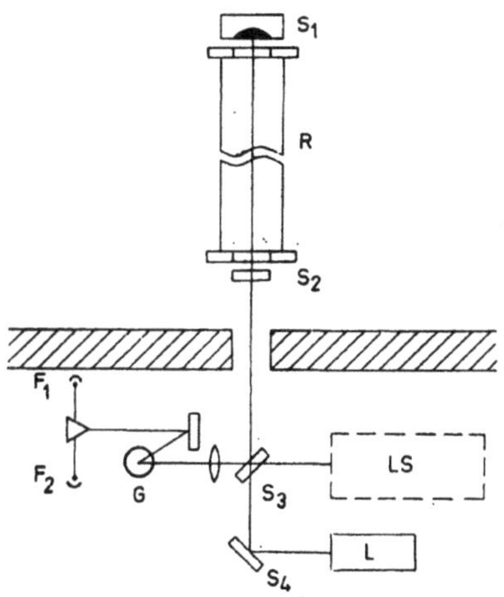

Abb. 3. Schema eines Laser-Strainseismometers (umgezeichnet nach VALI & BOSTROM 1968)

S_1, S_2 = die mit den Pfeilern verbundenen Spiegel (S_1: Reflektorspiegel, S_2: 30% reflektierender Spiegel); S_3 = Strahlteiler; S_4 = Justierspiegel; R = evakuiertes Al-Rohr (Länge 180 m, Durchmesser 15 cm); G = Galvanometer; L = Laser; LS = Laserstabilisator; F_1 und F_2 = Fotomultiplier

Die Anordnung ist für einen Pfeilerabstand $l = 180$ m erprobt worden. Es ist vorgesehen, ihn auf eine Länge von 1 km zu erweitern. Die Anordnung soll in einem 4 km langen Tunnel in der Nähe von Seattle im W der USA aufgebaut werden. Hauptaufgabe des Instruments soll es sein, die mit dem Ostpazifischen Rücken, der ein Teil des Welttriftsystems ist, verbundenen Krustenbewegungen zu erfassen.

Die Meßgenauigkeit der Gesamtanordnung wird zur Zeit durch die zuverlässige Langzeitstabilität des verwendeten Lasers auf $\Delta l/l \approx 10^{-10}$ pro Stunde begrenzt. (Die langzeitige Frequenzstabilität beträgt $1:10^{10}$, entsprechend 50 kHz für $5 \cdot 10^{14}$ Hz.) Dagegen ist die Meßgenauigkeit der Empfangseinrichtung wesentlich größer. Sie ist durch die Statistik der Lichtquanten, die den Fotomultiplier erreichen, bestimmt. Verschiebungen von $10^{-4}\,\lambda$ können noch erfaßt werden, so daß Werte $\Delta l/l \approx 2 \cdot 10^{-13}$ erreichbar sind. Von besonderer Bedeutung für die Meßgenauigkeit ist, daß der gesamte Lichtweg im Vakuum verläuft, so daß nicht Luftdichteänderungen über Wellenlängenänderungen des Laserlichts auf das Meßergebnis Einfluß nehmen können. Die Abschätzungen zeigen (VALI & KROGSTAD 1964), daß eine Luftdruckänderung von 1 mm Hg $\Delta l \approx 5\lambda$ und eine Temperaturänderung von 1 °C $\Delta l \approx 15\lambda$ verursacht (Basis $l = 10$ m, Luft unter Normalbedingungen). Ohne Vakuumlichtweg wirkt das Instrument als Mikrobarograph und Thermometer mit einer Empfindlichkeit, die größer ist als die der üblichen Mikrobarographen und Thermometer.

Die entscheidenden Vorteile des Laser-Strainseismometers gegenüber den bisher üblichen Strainseismometern sind:

1. Man kann eine wesentlich größere Basis l realisieren. Für Stangen- und Drahtinstrumente betragen die maximalen Abmessungen ca. 20 bis 30 m. Für das Laserinstrument ist man theoretisch nur an die Kohärenzlänge gebunden.

2. Die Frequenzcharakteristik wird praktisch nur durch den Registrierteil bestimmt. Für die Anordnung von VALI & BOSTROM ist die Übertragungscharakteristik linear von 0 Hz bis 8 kHz. Bei den üblichen Instrumenten begrenzen die Eigenfrequenzen des Längennormals die Aufnahmecharakteristik von 0 Hz bis zu maximal einigen Hz.

3. Bei den üblichen Strainseismometern lassen sich Störungen infolge Druck- oder Temperaturänderungen nur schwer vermeiden.

Die genannten Vorteile stellen eine wesentliche Erweiterung der Einsatzmöglichkeiten für das Strainseismometer dar.

Eine andere technische Variante nutzt die Änderung der Laserwellenlänge bei Änderung der Resonatorlänge aus (VEEN, SAVINO & ALSOP 1966). Die beiden Resonatorspiegel eines He–Ne-Lasers werden direkt mit den Festpunkten verbunden. Wegen der begrenzten Länge des Entladungsrohrs dürfte jedoch die Basis kaum einige Meter überschreiten.

Die große Kohärenzlänge der Laserstrahlung erlaubt es auch, Entfernungsänderungen mit Hilfe des DOPPLER-Prinzips zu messen (HEAVENS 1966). Man erreicht heute Meßgenauigkeiten für die Bewegungsgeschwindigkeit von 12 nm/s = 0,4 m/Jahr.

Für Entfernungsmessungen mit Laserstrahlen über größere Entfernungen nach dem Radarprinzip und dem elektrooptischen Prinzip muß insbesondere der Einfluß der Atmosphäre in Kauf genommen werden. Die Reichweite der Geräte ist sehr unterschiedlich, je nachdem, ob in horizontaler oder vertikaler Richtung ge-

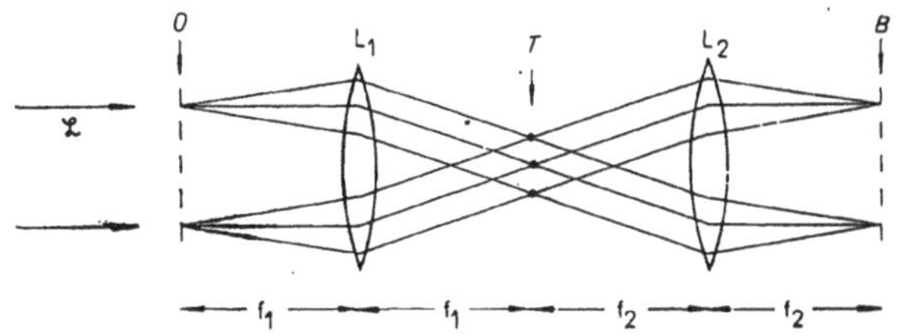

Abb. 4. Beziehungen zwischen Objekt, Beugungsfigur und Bild bei einem Zweilinsensystem (umgezeichnet nach DOBRIN, INGALLS & LONG 1965)

Das Objekt ist ein Beugungsgitter, dessen Spalte horizontal und senkrecht zur Zeichenebene verläuft.

f_1, f_2 = Brennweiten der Linsen, L_1, L_2; O = Objektebene; T = Transformationsebene; B = Bildebene; L = Laserlicht

messen werden soll; erst in zweiter Linie spielen Leistung, Strahlenbündelung usw. eine Rolle.

In horizontaler Richtung erreicht man Reichweiten in der Größenordnung einiger 10 km. Die Genauigkeit der Messung ist in erster Linie begrenzt durch den Refraktionseinfluß der Atmosphäre, und nur unter günstigen Bedingungen ist eine relative Entfernungsgenauigkeit von 10^{-6} erreichbar (MONTAG 1968).

In vertikaler Richtung betragen die Laserreichweiten über 1000 km, so daß Entfernungsmessungen zu Satelliten, zum Mond und zu den Planeten möglich sind und auch schon durchgeführt wurden.

Beim Radarprinzip bestimmt die Genauigkeit der Zeitmessung fast ausschließlich die Entfernungsmeßgenauigkeit, weshalb ein scharfer steiler Impuls und eine gute Elektronik für die Zeitmessung notwendig sind. Die Anstiegszeit gütegeschalteter Laserimpulse kann unter 1 ns gedrückt werden, und bei extremer Ausnutzung der elektronischen Möglichkeiten dürften Genauigkeiten für die Laufzeitmessung von $\pm$ 0,5 ns erreichbar sein, diesem Wert entsprechen Entfernungsmeßgenauigkeiten von $\pm$ 15 cm. Mit den auf dem Mond aufgestellten Tripelspiegelreflektoren erhofft man sich Entfernungsmessungen mit dieser Genauigkeit zum Erdtrabanten, so daß es möglich wird, die genaue Größe des Mondes zu ermitteln, seine Bewegungen zu analysieren, eine Kontinentaldrift auf der Erde zu erfassen und vielleicht zu erfahren, ob sich die Gravitationskonstante ändert (BÄUMLER 1970).

In allerneuester Zeit ist es gelungen, mittels spezieller Güteschalter (Farbstoffschalter) Laserimpulse von nur einigen ps Impulslänge zu erhalten (GÜRS 1970). Damit wären prinzipiell Entfernungsmeßgenauigkeiten von $\approx$ 1 mm erreichbar. Allerdings dürfte hier zur Zeit die Empfangselektronik überfordert sein.

Optische Datenverarbeitung

Die für Filterungen und andere Datenverarbeitungsprozesse benötigten Operatoren können außer auf analogem oder digitalem Wege auch auf optischem Wege realisiert werden.

Schickt man monochromatisches kohärentes Licht durch ein optisches Gitter, so wird das Licht umgekehrt proportional zur Gitterkonstanten gebeugt, und zwar senkrecht zu den Gitterlinien (Abb. 4). Das Gitter bildet sich in Form von Beugungspunkten 1. bis n.-ter Ordnung (in Abb. 4 ist nur die 0. und $\pm$ 1. Ordnung gezeichnet) in der Objektivbrennebene ab. Nach der ABBEschen Theorie der Bildentstehung ist dieses Beugungsbild als FOURIER-Transformierte des Objekts aufzufassen. Die das Beugungsbild bildenden Lichtpunkte ergeben im weiteren Verlauf des Strahlengangs in der Bildebene wieder ein bis auf einen konstanten Faktor (Vergrößerung) proportionales Abbild des Originals, was einer erneuten 2dimensionalen FOURIER-Transformation gleichkommt. Diese Eigenschaften macht man sich zum Beispiel in der Seismik für die Seismogrammbearbeitung zunutze, indem stark verkleinerte Laufzeitprofile in Dichte- oder Flächenschrift als Diapositive in den Strahlengang eines He–Ne-Lasers gebracht werden und dann einer Filterung in der Transformationsebene unterzogen werden (DOBRIN, INGALLS & LONG 1965). Abb. 5 zeigt links das Modell eines Laufzeitprofils und rechts das zugehörige Beugungsbild. Das Teilbild links setzt sich zusammen aus dünnen senkrechten Linien, die die Trennlinien zwischen den Einzelseismogrammen andeuten sollen, ferner aus horizontalen Linien für die Zeitmarken sowie aus starken parallelen Linien mit zwei verschiedenen Linienabständen und Neigungen, die Reflektionseinsätze darstellen sollen. Die Beugungspunkte sind jeweils senkrecht zu den Linien des zugehörigen Gitters angeordnet, ihre Abstände sind der räumlichen Frequenz (bzw. dem Linienabstand umgekehrt) proportional. Der Lichtfleck in der Mitte stammt vom direkt durchgehenden Licht. Bei einem echten Laufzeitprofil ergeben sich infolge der Vielzahl der vorherrschenden räumlichen Frequenzen 2 um das direkt durchgehende Licht angeordnete Punktwolken, wie sie zum Beispiel das rechte Teilbild von Abb. 7 zeigt.

Aus dieser Darstellung geht hervor, daß die Transformationsebene, in der das Beugungsbild entsteht, eine Frequenzwellenzahlebene ist. Eine Filterung kann hier einfach so vorgenommen werden, daß man das Beugungsbild geeignet beschneidet. Das rekonstruierte Bild in der Bildebene zeigt dann das Originalbild mit Ausnahme des weggefilterten Teils. Praktisch geschieht das auf einfache Weise dadurch, daß mit mechanischen Mitteln, wie Draht, Schneiden und keilförmigen Blenden, im Lichtstrahlengang die Teile des Beugungsbilds weggeblendet werden, die unerwünscht sind. Abb. 6 zeigt schematisch die prinzipiellen Filtermöglichkeiten:

a) Frequenzfilterung — Beschneidung der hohen und Beschneidung der tiefen Frequenzen sowie Kombination zur Bandsperre;

b) Geschwindigkeitsfilterung, d. h. Herausfilterung eines bestimmten Scheingeschwindigkeitsbereichs. Die herausgefilterten Richtungen verlaufen senkrecht zum Filterkeil.

Die Wirkung einer solchen Geschwindigkeitsfilterung ist sehr anschaulich aus den Abb. 7 und 8 zu erkennen. Auf dem Laufzeitprofil der Abb. 7 sind Störwellen in zwei verschiedenen Neigungen zu erkennen, wobei für die größere Neigung ein relativ großer Winkelbereich erscheint. Abb. 8 zeigt rechts das durch Keilblenden beschnittene Beugungsbild und links das Filterergebnis.

An Geräten zur optischen Seismogrammanalyse sind bisher das amerikanische Laserscan (DOBRIN, INGALLS & LONG 1965) und das französische FO 100 (Anonym 1966) bekannt geworden.

Erst die Anwendung eines Lasers als Strahlungsquelle hat zur praktischen Anwendbarkeit dieses Verfahrens verholfen. Die zeitliche Kohärenz ist maßgebend dafür, daß scharfe Bilder entstehen, die nicht durch die chromatische Aberration der Linsen gestört sind. Die räumliche Kohärenz wird benötigt, um große Filtersteilheiten zu erhalten und Verzerrungen des Beugungsbilds zu vermeiden, und schließlich ist nur ein Laser in der Strahlungsintensität groß genug, um trotz der hohen Schwächung im Strahlengang noch ein genügend helles Bild zu liefern.

Das Verfahren ist angewendet worden auf die Beseitigung von Störungen, die durch multiple Reflexionen, Oberflächenmikroseismik, Beugungserscheinungen, Singing-Effekt usw. hervorgerufen werden (DOBRIN, INGALLS & LONG 1965). Darüber hinaus sind mit ge-

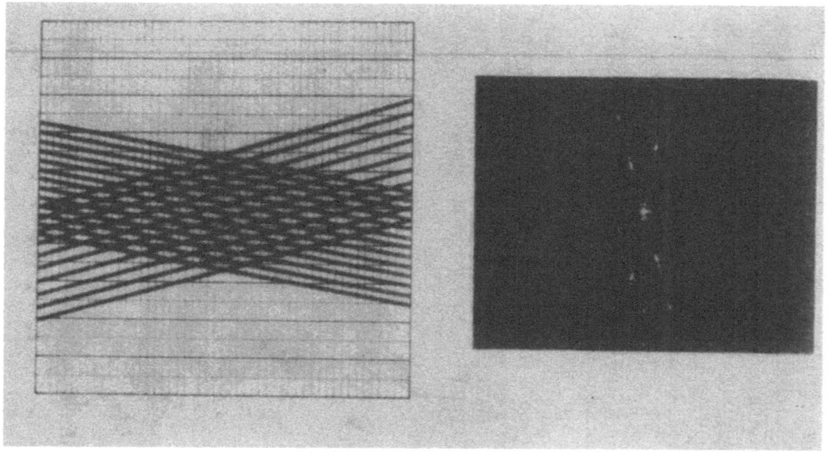

Abb. 5. Linkes Teilbild: Modell eines Laufzeitprofils; rechtes Teilbild: zugehöriges Beugungsbild (nach Dobrin, Ingalls & Long 1965)

Erläuterung im Text

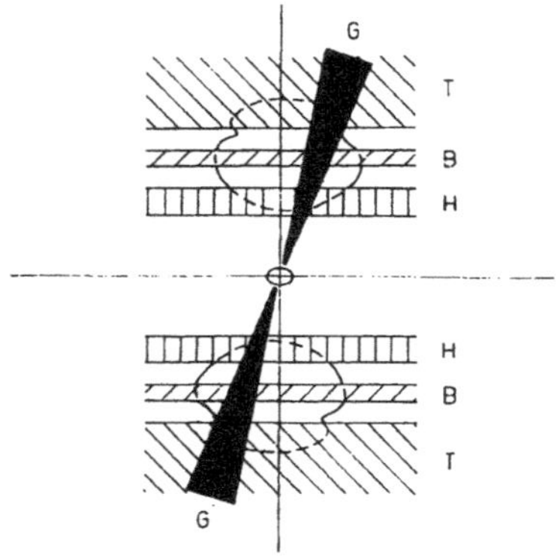

Abb. 6. Schematische Darstellung der Filtermöglichkeiten mittels Blenden in der Transformationsebene (umgezeichnet nach Dobrin, Ingalls & Long 1965)

Erläuterung im Text

T = Tiefpaßfilter; B = Bandsperre; H = Hochpaßfilter; G = Geschwindigkeitsfilter

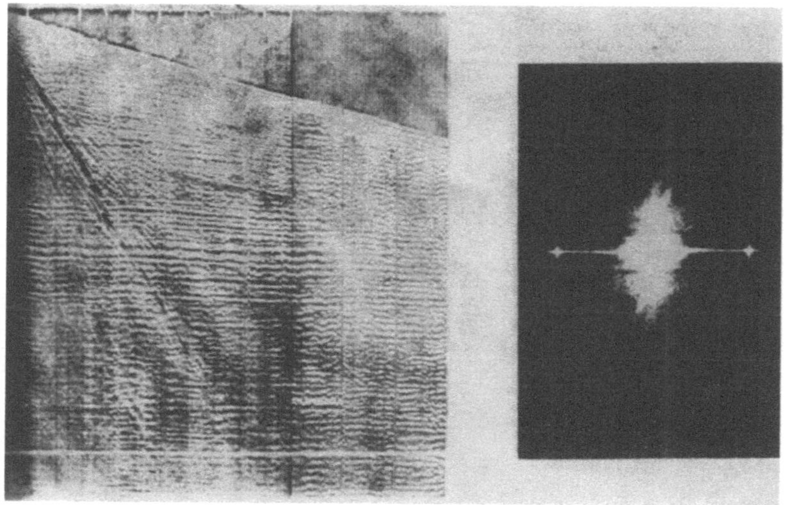

Abb. 7. Linkes Teilbild: Laufzeitprofil, überlagert von Störungen in zwei verschiedenen Neigungsrichtungen; rechtes Teilbild: zugehöriges Beugungsbild (nach Dobrin, Ingalls & Long 1965)

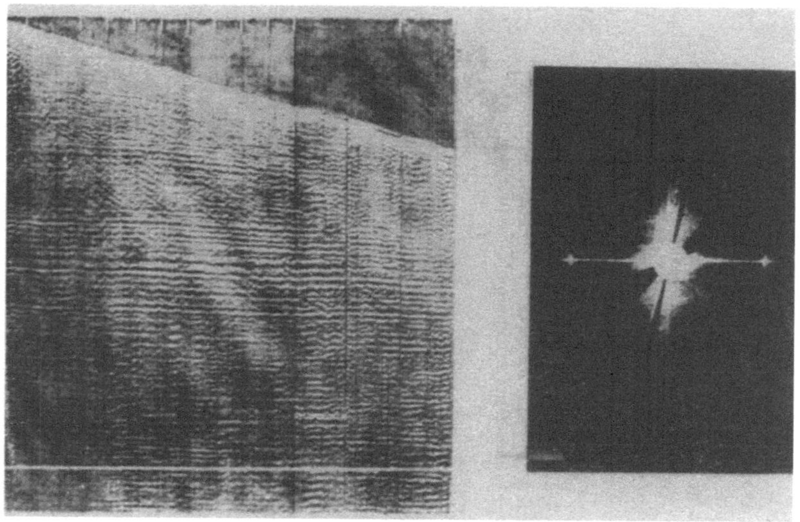

Abb. 8. Linkes Teilbild: Ergebnis der Geschwindigkeitsfilterung des Laufzeitprofils von Abb. 7; rechtes Teilbild: das durch Keilblenden beschnittene Beugungsbild (nach Dobrin, Ingalls & Long 1965)

eigneten Zusatzeinrichtungen auch optische Korrelationsanalysen u. a. Prozesse möglich (JACKSON 1965). Selbstverständlich ist das Verfahren nicht auf seismische Probleme beschränkt. Wesentlich ist, daß die Signale als Schwärzungen auf einer Fotoplatte, zum Beispiel in Form von Dichteschrift, vorliegen.

Die Hauptvorteile der optischen Datenverarbeitung sind:

1. Es kann gleichzeitig eine sehr große Datenmenge bearbeitet werden. Bis zu maximal 1000 Kanäle (≈ 40 Seismogramme) können gleichzeitig einer Bearbeitung unterzogen werden.

2. Bei der optischen Bearbeitung betragen die Kosten für ein Seismogramm etwa genausoviel wie für 40 Filme, da die optische Verarbeitung durch eine wesentlich parallele Arbeitsweise gekennzeichnet ist, während die mit Rechnern durchgeführten analogen oder digitalen Bearbeitungen wesentlich seriellen Charakter tragen.

3. Ein weiterer Vorteil liegt in der momentanen Wirksamkeit der Filterung und deren sofortige Sichtbarmachung, z. B. auf einem Fernsehschirm. Man kann daher in kurzer Zeit mehrere Filtervarianten durchprobieren und das Ergebnis der günstigsten fotografisch festhalten. Dadurch ergibt sich ein sehr unmittelbarer und einfach überschaubarer Kontakt zu dem zu bearbeitenden Problem.

Etwas nachteilig ist jedoch, daß für eine effektive optische Seismogrammbearbeitung die Mitwirkung des projektbearbeitenden Geophysikers erforderlich ist. Es besteht sonst leicht die Gefahr, daß mehr Wert auf Schönheit als auf Realität gelegt wird. Die Nachteile gegenüber der Rechnerbearbeitung ergeben sich daraus, daß

1. die Dynamik auf etwa 30 db begrenzt ist, infolge des auf den Fotoplatten realisierbaren Schwärzungskontrasts. Es gibt also Fälle, bei denen zur Zeit nur analoge oder digitale Filterungen zum Erfolg führen. In neuerer Zeit sind jedoch Spezialfotoplatten mit einem Kontrastumfang von 50 db bekannt geworden (BESTENREINER 1968);

2. das „optische Rauschen", hervorgerufen durch innere oder äußere Fehler der Linsen, wie Luftbläschen, Staub usw., Störungen auf dem gefilterten Bild verursacht, so daß peinlichste Sauberkeit geboten ist.

Es kann eingeschätzt werden, daß optische Signalbearbeitungsverfahren wegen der genannten Vorteile in Zukunft stärkeren Eingang in die Geophysik finden werden.

Holographie

Die Holographie ist ein Abbildungsverfahren durch Rekonstruktion von Wellenfronten (LENK 1969). Die von einem kohärent beleuchteten Gegenstand ausgehende Lichtwelle fällt, wie Abb. 9a zeigt, auf eine Fotoplatte und wird dort überlagert mit einer zweiten Welle, der Bezugs- oder Referenzwelle, die aus derselben Lichtquelle stammt und direkt zur Platte gelangt. Die Platte registriert das Interferenzmuster der beiden Wellen. Die Aufnahme heißt nach der Entwicklung der Platte Hologramm. Der holographische Prozeß besteht darin, daß von jedem Punkt des Objekts, der als Zentrum einer von ihm ausgehenden Kugelwelle betrachtet werden kann, durch Interferenz mit einer (ebenen) Referenzwelle eine FRESNELsche Zonenlinsenstruktur aufgezeichnet wird (BESTENREINER 1968). Durchstrahlt man das fertige Hologramm mit der Bezugswelle allein, dann wird durch Beugung an der Schwärzungsverteilung (genauer: an den einzelnen Zonenlinsenstrukturen) die Gegenstandswelle amplituden- und phasentreu wieder hergestellt (Abb. 9b). Dabei hat man zu beachten, daß im Gegensatz zu einer gewöhnlichen Linse eine FRESNELsche Zonenstruktur gleichzeitig ein virtuelles und reelles Bild erzeugt. In Abb. 9b ist nur das virtuelle Bild gezeichnet. Die grundlegende Idee, durch Verwendung eines Referenzstrahls ein stationäres Interferenzfeld, das sowohl die Amplituden- als auch die Phaseninformationen des Objekts enthält, zu erzeugen, stammt von GABOR 1948. Praktische Bedeutung erlangte die Holographie aber erst nach 1960, nachdem in den Lasern Lichtquellen hinreichender Kohärenzlänge zur Verfügung standen.

Da jeder einzelne Punkt des Objekts in Form eines ausgedehnten Interferenzmusters auf dem Hologramm gespeichert ist, kann auch von einem Hologrammteilstück immer noch das ganze Bild rekonstruiert werden. Das führt auch dazu, daß sich Kratzer, Fehlstellen usw. auf der Platte bei der Rekonstruktion des Objekts praktisch nicht bemerkbar machen, im Gegensatz zur optischen Datenverarbeitung. Da die Bilder ohne Linsen hergestellt werden, bleiben sie frei von den bekannten Linsenabbildungsfehlern.

Für die Geophysik ist es nun wichtig, daß Hologramme auch mit anderen kohärenten Strahlern, wie Ultraschallquellen oder seismischen Vibratoren, hergestellt werden können. Das Interferenzfeld kann mit den bekannten Schalldetektoren bzw. Geophonen aufgenommen werden. Überführt man nun dieses Schallhologramm mit einem geeigneten Maßstabsverhältnis in ein optisches Hologramm, so kann die Rekonstruktion mit einem Laser geeigneter Wellenlänge vorgenommen werden: Es werden Strukturen sichtbar, die sich einer direkten Beobachtung entziehen. Die Auflösung ist nur begrenzt durch die Wellenlänge des Schalls.

Diesen faszinierenden Aussichten für eine Zukunftsseismik der optischen Erkundung des tieferen Erdinneren stellen sich zur Zeit aber zwei wesentliche Schwierigkeiten hinsichtlich technischer Realisierung entgegen:

1. Der Raum zwischen den zu holographierenden Objekten und der Aufnahmevorrichtung weist infolge unterschiedlicher Dichte usw. auch nicht annähernd eine konstante Wellengeschwindigkeit auf, im Gegensatz zur vorhin geschilderten optischen Holographie, wo die Lichtgeschwindigkeit im Objektraum konstant ist. Dadurch wird, im seismischen Fall, das Bild bei der Rekonstruktion verzerrt. Zusätzliche Probleme entstehen durch die Refraktion der Wellen beim Durchgang durch Grenzflächen. Günstigere Voraussetzungen bietet dagegen die Untersuchung des

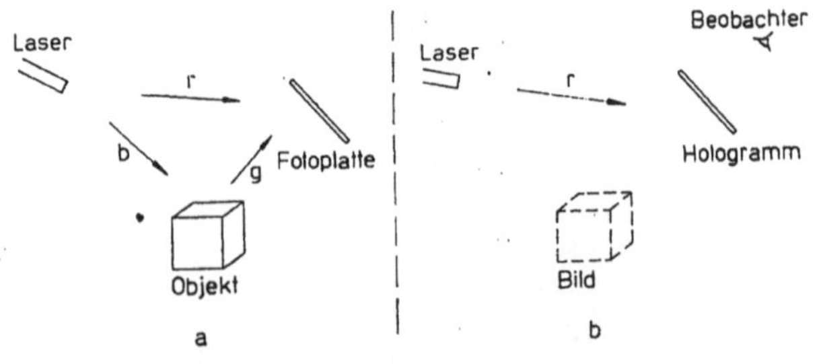

Abb. 9. Prinzip der Holographie (umgezeichnet nach LERWILL 1969)

a = Aufnahme; b = Rekonstruktion; r = Referenzlicht; b = Beleuchtungslicht; g = vom Objekt ausgehendes Licht

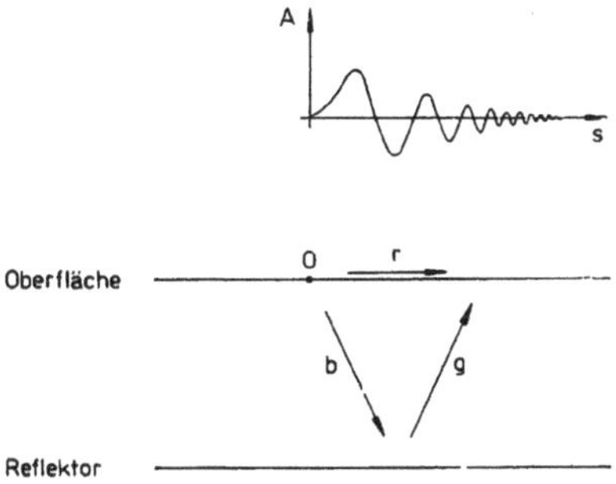

Abb. 10. Unteres Teilbild: Prinzip der Holoseismik. Im Punkt 0 befindet sich ein Vibrator. Bezeichnungen wie in Abb. 9 (umgezeichnet nach LERWILL 1969)

Oberes Teilbild: Amplitude A des stationären Interferenzfeldes in Abhängigkeit von der Entfernung s zum Vibrator

Meeresgrundes, von Fahrrinnen in Flüssen usw. (KIEMLE 1970).

2. Das obengenannte Maßstabsverhältnis ergibt sich aus dem Verhältnis Schallwellenlänge λ_s zu Lichtwellenlänge λ_L. Für die Seismik beträgt dieses Verhältnis $\approx 5 \cdot 10^7$ ($\lambda_s = 30$ m, $\lambda_L = 0{,}6\ \mu$m). Das heißt, um ein optisches Hologramm von 1 cm × 1 cm zu erhalten, müßte eine Fläche von 500 km × 500 km vermessen werden mit einem Punktabstand von $\lambda_s/2 \approx 15$ m. Daher ist eine optische Rekonstruktion zur Zeit nicht sinnvoll. Günstiger liegen die Verhältnisse bei Untersuchungen mit Ultraschall, wo die Maßstabsreduktion nur noch $\approx 10^4$ beträgt, so daß durch eine entsprechende Nachvergrößerung eine Anwendung bereits heute möglich sein sollte.

Bei dieser Sachlage in der Seismik verzichtet man auf eine optische Rekonstruktion. Man korreliert das registrierte Interferenzfeld mit einem theoretischen Feld. Das nach Abb. 10 von einem quarzstabilisierten Vibrator im Punkt 0 abgestrahlte Feld bildet nach Reflektion an der Grenzfläche durch Überlagerung mit dem abgestrahlten Feld ein stationäres Interferenzfeld, dessen Form die Parameter (Teufe, Neigung usw.) des Reflektors eindeutig enthält. Auf Grund theoretischer Formeln werden Musterkurven berechnet und Kreuzkorrelationen von theoretischen und registrierten Kurven durchgeführt. Nach diesem Verfahren hat LERWILL Versuchsmessungen durchgeführt und ausgewertet (LERWILL 1969), mit dem folgenden Ergebnis: Eine Erkundung auf holographischer Grundlage dürfte zur Zeit nur für Strukturen in geringer Tiefe möglich sein.

Statt die Kreuzkorrelationsfunktion mit Computern zu berechnen, kann man optische Hologramme bei der optischen Datenverarbeitung direkt als Filter verwenden (LERWILL 1969).

Der hier geschilderte Weg ist nicht auf die Seismik und die Geophysik beschränkt, sondern prinzipiell überall dort anwendbar, wo kohärente Strahler verwendet werden.

Interessante Anwendungen ergeben sich, wenn mit einem Hologramm nicht nur ein, sondern durch Mehrfachbelichtung der gleichen Platte zwei oder mehr Wellenfelder aufgenommen werden, die zu verschiedenen Zeiten oder unter unterschiedlichen Bedingungen vom gleichen Objekt erzeugt wurden. Bei der Wiedergabe werden alle Wellenfelder gleichzeitig rekonstruiert und bilden miteinander Interferenzen, aus denen sich Auskünfte über Betrag und Richtung der Änderungen ergeben. Darauf lassen sich völlig neuartige Meßverfahren aufbauen (KIEMLE 1970). Als mögliche Anwendungen für die Geophysik seien zum Beispiel Senkungsmessungen und Talsperrenüberwachungen genannt. Die Genauigkeit liegt in der Größenordnung 10^{-3} mm.

Die sich durch die Holographie für die Geophysik ergebenden Anwendungsmöglichkeiten sind noch kaum ausgelotet.

Zusammenfassung

Nach einer kurzen Darlegung des Laserprinzips und der Strahlungseigenschaften werden als Anwendungsgebiete des Lasers in der Geophysik die Entfernungsmessung, die optische Datenverarbeitung und die Holographie einer näheren Betrachtung unterzogen. Bei den Anwendungen werden schwerpunktmäßig das Prinzip sowie die Vor- und Nachteile des Lasereinsatzes dargestellt.

Резюме

После краткого изложения принципа работы лазера и свойств излучения, ближайшему рассмотрению подвергаются измерения расстояния, оптическая обработка данных и голография, как области применения лазера в геофизике. При применении представлены, в зависимости от значимости, принцип действия, а также преимущества и недостатки употребления лазера.

Summary

A short description of the principle of the laser and radiation properties is followed by a more detailed consideration of fields of application in geophysics, such as rangefinding, optical data processing, and holography. Main emphasis is placed on the principle as well as on the advantages and inconveniences of laser operation.

Literatur

Anonym: Filtre optique FO 100. – Inst. Franç. du Pétrole, Paris 1966.
BASOW, N. G.: Plasmaaufheizung mit Hilfe von Lasern. – Tagung „Laser und ihre Anwendungen", Dresden 1970.
BÄUMLER, P.: Tripel-Prismen aus Quarzglas auf dem Mond. – Umschau, 12, 383–384 (1970).
BESTENREINER, F.: Grundlagen der Holographie. – Elektronik, 6, 181 bis 184 (1968).
BRAND, H.: Laser – Optische Hochfrequenzsender. – Haus der Technik e. V. Essen, Vortragsveröff., 23, 7–25 (1964).
DOBRIN, M. B., A. L. INGALLS & J. A. LONG: Velocity and frequency filtering of seismic data using laser light. – Geophysics, 30, 6, 1144 bis 1177 (1965).
GÜRS, K.: Laser und Quantenelektronik. – Umschau, 3, 93–94 (1970).
HEAVENS, O. S.: Recent applications of lasers. – Brit. J. appl. Phys., 3, 287–309 (1966).
JACKSON, P. L.: Analysis of variable – density seismograms by means of optical diffraction. – Geophysics, 30, 1, 5–23 (1965).
KIEMLE, H.: Anwendungen der Holographie in Wissenschaft und Technik. – Umschau, 9, 275–277 (1970).
KLINGER, H. H.: Laser, Erzeugung und Anwendung kohärenten Lichtes. – Telekosmos-Verl., Franckhsche Verlagsbuchh., Stuttgart 1965.
LENK, H.: Holographie. – Fortschritte der experimentellen und theoretischen Biophysik, 9 (1969).
LERWILL, W. E.: Holography at seismic frequencies. – Seismograph Service (England) Limited 1969.
MONTAG, H.: Anwendungsmöglichkeit der Laser in der Geodäsie. – Vermessungstechnik, 9, 339–342; 10, 377–384 (1968).
MEINEL, W., R. NEUBERT & G. WIEDERHOLD: Wirkungsweise der Laser und Demonstration einiger ihrer Eigenschaften. – Feingerätetechnik, 11, 493–510 (1963).
RIECK, H.: Die kohärente Lichtemission von $p-n$-Sperrschichten. – Haus der Technik e. V. Essen, Vortragsveröffentlichungen 23, 69–78, (1964.)
VALI, V., & R. C. BOSTROM: The use of a laser extensometer to observe strain in a large ground sample. – Bull. Geodesique, 88, 151–155 (1968).
VALI, V., R. S. KROGSTAD & W. VALI: Measurement of earth tides and continental drift with laser interferometer. – Proc. IEEE, 52, 7, 857 bis 858 (1964).
VEEN, H. J. VAN, SAVINO & L. ALSOP: An optical maser strainmeter. – J. Geophys. Res., 71, 6, 5478–5479 (1966).

Zeitschrift für angewandte Geologie, Bd. 17 (1971), Heft 3

Stand und Entwicklungstendenzen der Seegeophysik unter besonderer Berücksichtigung der geoelektrodynamischen Verfahren

PETER KÜHN, Freiberg (Sa.)

(Sektionsveröffentlichung Nr. 140 der Sektion Geowissenschaften der Bergakademie Freiberg, Arbeitsgruppe Geophysik)

I. Einführung

Seegeophysik im System Meeresforschung und Meeresnutzung

Im Blickpunkt der internationalen Öffentlichkeit steht seit 1957 die Erforschung des Weltraums. Von der breiten Öffentlichkeit weniger bemerkt, vollzog sich im gleichen Zeitraum die Erschließung eines anderen, bisher kaum erforschten Raumes — des Ozeans. Dabei hat sich die Meeresforschung und -nutzung neben der Kernforschung, Weltraumforschung und Datenverarbeitung zu einer Großforschungsrichtung mit bedeutenden ökonomischen und technischen Perspektiven entwickelt (BRUNS 1958, 1962, 1968; BRUNS u. a. 1969; KAUSCH 1970; SCHÜTZLER 1969, 1970a, 1970b).

Die friedliche Nutzung der „Schätze des Meeres" eröffnet der Menschheit bedeutende Perspektiven, trotz des explosiven Bevölkerungszuwachses. Der jährliche Nutzen, den die Weltbevölkerung gegenwärtig aus dem Meere zieht, wird (1969) auf 50 Mrd. M geschätzt. Davon entfallen 27 Mrd. M auf die Weltfischerei und 23 Mrd. M auf die industrielle Rohstoffgewinnung. Der mögliche jährliche Nutzen kann jedoch einige 100 Mrd. M betragen (BRUNS u. a. 1969), wobei sich das Verhältnis künftig weiter zugunsten der Rohstoffgewinnung verschieben wird.

In den Jahren nach dem 2. Weltkrieg sind in vielen Industrieländern komplexe Projekte, Programme, Maßnahmepläne u. a. m. zur Intensivierung der Arbeiten auf dem Gebiet der Meeresforschung und -nutzung in Angriff genommen worden (KAUSCH 1970). Eine führende Position nimmt hierbei die Sowjetunion ein, deren Forschungsschiffe auf allen Meeren grundlegende Forschungsarbeiten durchführen. Die DDR ist in enger und ständig wachsender sozialistischer Gemeinschaftsarbeit mit der UdSSR und anderen sozialistischen Ländern an der Erschließung der marinen Ressourcen beteiligt. Das Profitstreben der imperialistischen Monopole und die militärischen Aspekte der Meeresforschung im Rahmen der Globalstrategie des USA-Imperialismus dürfen in den Meeresforschungsprogrammen der imperialistischen Staaten nicht übersehen werden (SCHÜTZLER 1969, 1970a, 1970b).

Die wichtigsten Disziplinen der Meeresforschung sind nach BRUNS u. a. (1969):

1. Physik des Meeres und Chemie des Meeres;
2. Meeresgeologie und -geochemie;
3. Seegeophysik;
4. Maritime Meteorologie;
5. Meeresbiologie;
6. Meerestechnik.

Bei der Erkundung und Bewertung der nutzbaren Lagerstätten des submarinen Bereiches sind die geophysikalischen Verfahren im Komplex mit bathymetrischen und topographischen Aufnahmen die wichtigsten Hilfsmethoden des Erkundungsgeologen.

Die Zielstellungen der seegeophysikalischen Arbeiten können außerordentlich unterschiedlich sein (globale Felder: Erdmagnetfeld, Erdschwerefeld; regionale Zielstellungen: Geotraversen; regionaler Krustenbau; lokale Lagerstättenprogramme) und die verschiedensten Seebereiche (Schelf, Kontinentalhang, Kontinentalanstieg, Tiefseeboden, Tiefseerücken und -gräben) betreffen.

Eingang des Manuskripts in der Redaktion: 3. 8. 1970.

Die Ergebnisse geophysikalischer Arbeiten bilden die wichtigste Grundlage der meeresgeologischen Aussagen von globalen Ausmaßen (Großschollentektonik, Kontinentaldrift — Krustenproduktion in den mittelozeanischen Rücken, Krustenverschluckung in den Tiefseegräben u. a. m.) bis zu lokalen Problemen (Erdöl-Erdgas-Führung, Lagerstätten anderer mineralischer Rohstoffe u. a. m.) (BELOUSOW 1970; KALINKO 1969; MCKENZIE 1970; MAAK 1969; MIYASHIRO u. a. 1970).

Der Artikel beschränkt sich auf die angewandt-geophysikalischen Möglichkeiten der Struktur- und Lagerstättenerkundung in regionalen und lokalen Maßstäben. Es wird nicht auf Ergebnisse seegeophysikalischer Arbeiten eingegangen.

II. Erfordernisse für seegeophysikalische Arbeiten, Vorteile und Nachteile gegenüber der Landgeophysik

Seegeophysikalische Arbeiten erfordern:

1. eine Erkundungsplattform, mit der gefahrlos und erfolgreich die geophysikalischen Untersuchungen durchgeführt werden können (i. allg. Überwasserschiff mit Eigenantrieb, 300 bis 1000 BRT, auch Spezialanlagen wie U-Boote, Bathysphären, Bathyscaphen, Unterwasserlabors, Meßbojen, Vertikalschwimmer u. a. m.);

2. eine exakte reproduzierbare Positionsbestimmung und -kontrolle durch modernste Navigationssysteme mit nachstehenden Genauigkeitsanforderungen:

Übersichtsaufnahmen	± 300 m,
Detailaufnahmen	± 30 m,
Lagerstättenumgrenzungen	± 3 m.

(Als Neuentwicklungen sind aus den letzten Jahren die Systeme ANA, Sea Fix, Doppler Sonar sowie die Satellitennavigation zu nennen. Mit kombinierten Navigationsanlagen können heute Genauigkeiten von ± 30 m in küstenfernen Meeresgebieten erreicht werden);

3. für den See-Einsatz modifizierte Gerätesysteme (Seewasserbeständigkeit, Druckfestigkeit der Unterwassergeräte, Robustheit etc.);

4. Tiefseeankersysteme bei stationären Messungen (dynamische Verankerung);

5. komplexe geophysikalische Systeme einschließlich EDVA zur Durchführung typischer Erkundungsprogramme, die kontinuierlich oder stationär erfolgen können;

6. eine entsprechende Landbasis zur organisatorischen, ökonomischen, apparativen, personellen und sonstigen Vorbereitung der See-Einsätze einschließlich Auswertung, Interpretation und Dokumentation der Meßergebnisse.

Wesentliche Vorteile ergeben sich bei seegeophysikalischen Arbeiten durch die Möglichkeiten:

1. der kontinuierlichen Messung in Bewegung für die wichtigsten Methoden (Seismik, Gravimetrie, Magnetik), wodurch ein kontinuierlicher, komplexer, EDV-gerechter Datenanfall vorliegt und eine hohe Effektivität erreichbar ist;

2. der Messung in zwei Niveaus, wodurch die Interpretation wesentlich erleichtert werden kann (Potentialverfahren!);

3. der stets gleichen Ankopplungsbedingungen für Geber (Schallquellen etc.) und Meßwertaufnehmer (Hydro-

phone, Magnetometer etc.). Bei seismischen Messungen fallen die an Land notwendigen Schußbohrungen weg.

Nachteile ergeben sich bei seegeophysikalischen Arbeiten durch:

1. die Abhängigkeit von den klimatischen und Meeresbedingungen (Wind, Seegang ,Strömungen, Eisverhältnissen etc. — man rechnet mit nur 100 bis 200 Arbeitstagen pro Jahr);
2. das Auftreten beträchtlicher Beschleunigungen durch Seegang;
3. die „abschirmende Wirkung" der Wasserplatte mit wachsender Wassertiefe auf geophysikalische Anomalien, deren Ursachen im Meeresuntergrund gesucht werden;
4. das Auftreten seetypischer Störungen und Effekte (Singing, Reverberationen, Eötvös-Effekt u. a. m.);
5. den begrenzten Raum der Erkundungsplattform, von der alle Operationen erfolgen müssen, und
6. die Begrenzung der Einsatztiefe von Unterwasserapparaturen durch den hydrostatischen Druck.

Seegeophysikalische Arbeiten sind (insbesondere bei stationären Messungen) außerordentlich kostenintensiv und erfordern eine optimale Anpassung an die spezifischen Bedingungen des Einsatzgebiets. Eine möglichst ununterbrochene Auslastung der Gerätesysteme und komplexe Meßprogramme gemeinsam mit den anderen Disziplinen der Meeresforschung sind notwendig.

Die angeführten Erfordernisse, Vorteile und Nachteile berechtigen dazu, die Seegeophysik als weitgehend eigenständigen Bereich der geophysikalischen Erkundungsmethoden anzusprechen, auch wenn sich die angewandten Methoden prinzipiell nicht unterscheiden.

III. Stand und Entwicklungstendenzen der seegeophysikalischen Verfahren

(Nach Carmagnol 1968, Plaumann 1970)

Die ersten Anfänge, geophysikalische Untersuchungen auch in wasserbedeckten Gebieten durchzuführen, reichen bis in die Anfangszeiten der Geophysik zurück. Erinnert sei in diesem Zusammenhang an die Pendelmessungen von Vening-Meinesz 1920 im getauchten Unterseeboot, an die magnetischen Messungen mittels Peil- und Doppelkompaß nach Bidlingmaier in der östlichen und nördlichen Ostsee durch A. v. Gernet in den Jahren 1924—1929 sowie an die Arbeiten des unmagnetischen Schiffes „Carnegie" bis 1929.

Unterbrochen durch den 2. Weltkrieg, erfolgte die eigentliche Herausbildung einer Seegeophysik (verbunden mit bedeutenden technischen Entwicklungen) jedoch erst mit der intensiven Erdöl-Erdgas-Erkundung der Kontinentalschelfe.

Dominierendes Verfahren auf See ist gegenwärtig (wie auch an Land) die Seismik, es folgen die Potentialmethoden, Magnetik und Gravimetrie und erst in größerem Abstand die anderen geophysikalischen Verfahren.

Seeseismik

Alle modernen reflexionsseismischen Messungen arbeiten nach der Ein-Schiff-Methode, d. h., Energieanregung und Aufzeichnung werden von einem Meßschiff realisiert. Das Schiff bewegt sich mit konstanter Geschwindigkeit v über den Grund. Im Zeitabstand t_i strahlt die Energiequelle ab. Die pro zurückgelegter Strecke erfaßte Information ist um so größer, je größer die Zahl der Spuren n_t ist. Um das Reflexionssignal über den Rauschpegel herauszuheben, kann man ein Untergrundstück mehrmals nacheinander vermessen und die Reflexionsergebnisse addieren, d. h. stapeln. Damit steigt das Verhältnis von Nutz- zu Störsignal mit der Wurzel der Anzahl der Spuren an.

$$\frac{\text{Nutzsignalamplitude}}{\text{Störsignalamplitude}} \sim \sqrt{\frac{n_t \cdot d}{v \cdot t_i}} \cdot n_s \cdot E_s$$

n_t = Zahl der Spuren (Hydrophongruppen),
d = Abstand der Spuren,
v = Schiffsgeschwindigkeit,
t_i = Impulsabstand $t_i > t_{reg}$,
n_s = Zahl der Energiequellen,
E_s = seismische Energie.

n_t und d sind durch den Kabelbaum festgelegt. Das Minimum von t_i ist die Registrierzeit. Um v möglichst groß wählen zu können, steigert man die Zahl n_s oder die seismische Energie E_s der Energiequellen. Eine Erhöhung der Zahl der Energiequellen stößt auf wirtschaftliche Schwierigkeiten; deshalb ist es notwendig, den akustischen Wirkungsgrad der Energiequelle zu verbessern.

Energieanregung (Balaschkand u. a. 1969; Edelmann 1968; Leenhardt 1970; Swerew 1970)

Seit mehr als zehn Jahren haben sich sprengstofflose oder -arme Anregungsverfahren mit hohem Automatisierungsgrad durchgesetzt und damit eine kontinuierliche seismische Profilierung ermöglicht. Es sind mehr als 20 Energieanregungssysteme verschiedenster Prinzipien bekannt, von denen etwa 15 für größere Eindringtiefen ausgelegt sind.

Einige wichtige Systeme seien kurz genannt:

1. Für geringe Eindringtiefen bis 20 m eignen sich akustische Umformer mit piezoelektrischen oder magnetostriktiven Gebern. Geräte dieser Art arbeiten im kHz-Bereich und erreichen eine Auflösung von ca. 1 m.

2. Für mittlere Eindringtiefen von einigen 100 m werden elektromechanische Systeme, z. B. Boomer oder pneumatische Systeme, z. B. Hydrosein, Pneuflex, Luftpulser (= Air Gun) u. a., verwendet. Die Anregung erfolgt im Frequenzbereich von 2 bis 500 Hz. Die Auflösung erreicht Werte von 2 bis 3 m.

3. Für Eindringtiefen von einigen 1000 m werden elektrische Entladungssysteme, z. B. Sparker, Transploder und Abarten, Gasexploder, z. B. UGD (Balaschkand u. a. 1969), Dinoseis, Aquapulse u. a., elektrohydraulische Vibrationssysteme, z. B. Vibroseis, sowie sprengseismische Systeme eingesetzt. Von den letzteren ist insbesondere das Flexotirverfahren, das Kleinstladungen mit Antiblubberschirm verwendet, bemerkenswert.

Die Anregung wird möglichst niederfrequent angestrebt, d. h. 1 bis 100 Hz. Das ist notwendig, weil der Frequenzbereich, der den Übertragungseigenschaften des Untergrundes am besten entspricht, im allgemeinen zwischen 20 und 80 Hz liegt.

Die Entwicklung der Energieanregungssysteme ist noch nicht abgeschlossen. Es werden laufend neue Entwicklungen von Energiequellen bekannt.

Energieaufnahme

Der Frequenzbereich, in dem auf See registriert werden kann, ist begrenzt durch das Spektrum des Störwasserschalls, hervorgerufen durch Schraubengeräusch, Motorerschütterung, Kielwasser, Seegang etc. Dieser Bereich ist schmal, so daß auch die Bandbreite der Energiequelle nicht zu groß zu sein braucht. Die Aufnahme erfolgt über bis zu 1000 bis 2500 m lange dünne schwimmfähige Kabelbäume (Streamer) mit piezo- bzw. magnetostriktiven Aufnehmern (Hydrophone). Die Kabelbäume bestehen aus auswechselbaren Sektionen von ca. 100 m Länge mit Hydrophonen in Gruppen zu zehn und Gruppenabständen von 25 bis 30 m. Die Schlepptiefe beträgt ca. 10 m (Tiefenkontrolle!).

Aufzeichnung, Wiedergabe

Moderne Aufzeichnungssysteme arbeiten mit hoher Dynamik digital auf Magnetplatten bzw. Magnetband. Auch eine Direktaufzeichnung ist möglich (seismisches Echolot). Die digitale Wiedergabezentrale ist durch Zusatzgeräte zur Ausführung komplizierter Wiedergabeprozesse (OHS, OVS, Antisinging, Dereverberation, Optimalfilterung, Dekonvolution, Ghost-Unterdrückung u. a.) geeignet und ermöglicht eine bestmögliche Ausschöpfung des Informationsgehalts.

Technologie

Die hohe „Schußfolge" bzw. Anregungsfolge (1 s — einige min) ermöglicht im 24-Stunden-Einsatz die Bearbeitung von 200 bis 500 Tageskilometern, trotz CRP-Methodik und bei unterschiedlichem Überdeckungsgrad, 6- bis 24fach. Die maximale Erkundungstiefe beträgt z. Z. etwa 7000 m.

Die Entwicklung der Rx-Seeseismik hat zur Zielstellung, die Eindringtiefe und das Auflösungsvermögen weiter zu erhöhen, die Bearbeitung auch schwächster Nutzsignale mittels EDVA zu ermöglichen und den Automatisierungsgrad hinsichtlich Anregung, Empfang, Verarbeitung und Interpretation auf einen höheren Stand zu bringen. Seeseismische Arbeiten (Rx- und Ra-Seismik) werden seit Jahren routinemäßig durchgeführt.

Die Refraktionsseismik (SWEREW 1970, SWEREW u. a. 1969) erarbeitet dabei wichtige geologische Aussagen über die Erdkruste im Ozeanbereich (Gesteinsgrenzen, Geschwindigkeitsverhältnisse, Lagerungsverhältnisse usw.). Ra-Seismik-Ergebnisse liefern zusammen mit gravimetrischen und magnetischen Messungen die Grundlagen für die tektonische Rayonierung des Meeresuntergrunds. Die neueren Entwicklungen für Refraktionsseismik gehen dahin, durch den Einsatz von Telemetrie-Hydrophon-Bojen zur Ein-Schiff-Methode überzugehen. Zur Erhöhung der Empfindlichkeit durch Unterdrückung aller Störamplituden wurde darüber hinaus ein tauchfähiger Meßgeräteträger konzipiert (BUNGENSTOCK u. a. 1970).

Seemagnetik

Nach dem 2. Weltkrieg wurden die zur U-Boot-Ortung eingesetzten Flugzeugmagnetometer in kleineren Maßstäben auch für Zwecke der geologischen Erkundung verwandt. Heute werden hierfür insbesondere die

Fluxgate-,
Protonen- und
Rubidiumdampfmagnetometer

eingesetzt. Gemessen wird das Totalfeld F.

Nach 1960 wurden verschiedene Entwicklungen von Schleppvektormagnetometern bekannt, die für die Vermessung des erdmagnetischen Hauptfelds gut geeignet sind, jedoch weniger für Erkundungsaufgaben (geringe Empfindlichkeiten!). Probleme bei magnetischen Messungen auf See sind nach CARMAGNOL (1968) Einflüsse durch:

1. magnetische Effekte des Schiffes, was eine Messung außerhalb des Schiffsfelds (200 m hinter dem Schiff) bzw. den Einsatz unmagnetischer Schiffe erfordert (z. Z. nur „Sarja" — UdSSR; Indienststellung 1957/58; 2. Schiff in Vorbereitung);

2. magnetische Effekte der Wellen und Dünungen, die in mittleren Breiten (1 bis 2) γ/m Oberflächenwellenamplitude mit Perioden von (10 bis 20) s erreichen — dadurch kann bei Messungen an der Seeoberfläche die Genauigkeit max. 2 γ betragen, weshalb die Messungen etwa 20 m unter der Wasseroberfläche erfolgen (WEAVER 1965) —;

3. magnetische Effekte durch die Bewegung des Schleppkörpers, des Schleppkabels und des Schiffes im Seegang — erforderlich sind eine ideale hydrodynamische Form des Schleppkörpers und eine korrekte Tiefenkontrolle —;

4. magnetische Variationen, die (wegen der im Vergleich zur Aeromagnetik geringen Schiffsgeschwindigkeit) geologische Effekte vortäuschen können, was synchrone Variationsregistrierungen an geeigneten Landstationen (günstiger wäre ein Seebodenmagnetometer! Aufwand?) erfordert bzw. ein Gradiometer.

Mittels Magnetometrie sind unter Umständen Abschätzungen der Teufe des Grundgebirges sowie Hinweise auf die Entwicklungsgeschichte der Kruste im Ozeanbereich (Sea Floor Spreading!) möglich. Die Abgrenzung von magnetisch unterschiedlich wirksamen Gesteinstypen, Verwerfungen und anderen Strukturelementen ist möglich. Für Zwecke der Erzerkundung ist der Einsatz von geschleppten Tiefseemagnetometern erfolgversprechend. Die regionale magnetische Vermessung der Meere übernimmt zunehmend die Aeromagnetik.

Die magnetischen Messungen erfolgen als wesentliche Ergänzung zur Seeseismik und -gravimetrie. Die Auswertung der Anomalien wird mit den an Land üblichen Methoden vorgenommen.

Seegravimetrie (Carmagnol 1968; Gantar u. a. 1969; Lacoste 1967)

Wie bereits erwähnt, erfolgten erste Schweremessungen mittels Pendelapparaten auf See durch VENING-MEINESZ 1920. Gravimetermessungen waren in den folgenden Jahren zunächst nur am Seeboden möglich und durch den Einsatz von bemannten oder unbemannten Taucherglocken auf den Schelfbereich beschränkt. Die Seebodengravimetrie hat in allen Schelfgebieten wesentliche Beiträge zur Klärung der Geologie des Untergrunds beitragen können und wird auch heute noch eingesetzt.

Die seit 1950 an Land eingesetzten Gravimeter von geringer Masse (3 bis 4 kg), doch höchster Genauigkeit sind wegen der Störbeschleunigungen auf Überwasserschiffen nicht einsetzbar. Spezielle kreiselstabilisierte Plattformen mit einer notwendigen Vertikalgenauigkeit von 3 Bogenminuten ermöglichen die Aufstellung von Seegravimetern (Eigenperioden $T > 400$ s, z. B. Seegravimeter der 1. Generation) und Messungen bei fahrendem Schiff. 1920 erreichte man mit Pendelapparaten eine Genauigkeit von ± 10 mGal, die bis 1940 auf ± 3 mGal gesteigert werden konnte. Die 2. Generation der Schweremesser (1. Generation der Seegravimeter — Graf-Askania, Lacoste und Romberg) erreichte 1960 eine Genauigkeit von ± 5 mGal, die bis in die Gegenwart auf ± 1 mGal gesteigert werden konnte. Die 3. Generation der Schweremesser (z. B. BGM = Bell Aerosystems Gravity Measuring System und MIT — Vibrating String Gravimeter) erreicht bereits heute $\pm 0{,}5$ mGal. Es wird geschätzt, daß in Kürze $\pm 0{,}1$ mGal erreichbar seien (GANTAR u. a. 1969).

Die Schiffsbeschleunigungen betragen bei einer See mit 2 m Wellenhöhe (Wind 2 bis 3)

vertikal: $40 \cdot 10^3$ mGal, horizontal: $20 \cdot 10^3$ mGal } bei Perioden von $T \approx (5$ bis $40)$ s.

Es ist deshalb erforderlich, alle Signale $T_s < 200$ s herauszufiltern. Zum Vergleich sei daran erinnert, daß die interessierenden Schwereanomalien geologischer Störkörper wenige mGal selten übersteigen.

Durch die Fahrt des Schiffes muß infolge der Corioliskraft die nach EÖTVÖS benannte Korrektur an den Meßwerten angebracht werden:

$$E_V = 7{,}29 \cdot v \cdot \sin Z \cos \varphi$$

E_V = EÖTVÖS-Korrektur in mGal,
Z = Schiffsgeschwindigkeit in kn,
v = Schiffskurs (rechtweisend),
φ = geographische Breite.

In mittleren Breiten erreicht die EÖTVÖS-Korrektur wenige mGal/kn. Soll E_V auf $^1/_{10}$ mGal genau sein, muß die Bestimmung von v mit einer Genauigkeit von $^1/_{30}$ kn erfolgen und die Kursgenauigkeit $^1/_{10}$ Grad betragen, für 1 mGal entsprechend $^1/_{10}$ kn und $^1/_2$ Grad. Andere Probleme für seegravimetrische Messungen sind die Wasserplattenkorrektur, die Tagesvariation, der Dichteansatz und der Landanschluß.

Die Registrierung des Gravimeterwerts erfolgt bei modernen Anlagen digital im Komplex mit anderen Parametern wie Magnetometerwert, Echotiefe, Peilung, Kurs, Koordinaten, Datum und Uhrzeit. Wesentliche Korrekturen können bereits an Bord durch den Einsatz von Kleinrechnern automatisch erfolgen. Die weitere Bearbeitung der Meßwerte erfolgt auch hier nach den an Land üblichen Methoden.

Zusammenfassend sei festgehalten, daß die seegravimetrischen Messungen z. Z. gegenüber den Landmessungen Genauigkeitsverluste um 2 Zehnerpotenzen in Kauf nehmen müssen. Damit wird der Einsatzbereich auf die Regional- und Vorerkundung eingeschränkt.

Weitere geophysikalische Methoden

Im Vergleich zur Seismik, Gravimetrie und Magnetik werden andere geophysikalische Verfahren noch nicht in großem Umfang zur Lagerstättensuche eingesetzt. Jedoch gibt es auch auf diesen Gebieten intensive Bemühungen, Beiträge zur Erkundung von Lagerstätten mineralischer Rohstoffe der Meeresgebiete zu leisten.

Geoelektrik

Hinderlich wirkt sich die abschirmende Wirkung des gutleitenden Meerwassers aus. Der Einsatz der geoelektrischen Verfahren blieb deshalb im wesentlichen auf den Schelfbereich beschränkt. Insbesondere in der UdSSR wurde die See-Elektrik nach dem 2. Weltkrieg entwickelt, genannt sei hier nur das Widerstandsverfahren in Form der Dipolsondierung. In verschiedenen Ländern erfolgen Forschungsarbeiten zur Vorbereitung der Methoden: induzierte Polarisation, Eigenpotential, Tellurik und Magnetotellurik für den Einsatz in Meeresgebieten (geoelektrodynamische Verfahren s. Abschnitt IV.). Große Perspektiven müssen einem Tiefseewiderstandssondierungsverfahren eingeräumt werden, mit dem z. Z. 30 Sondierungen des Meeresbodens bis 7 m Tiefe und unmittelbare Analysen der Dichte und der Porosität der Seebodensedimente möglich sind, ohne daß das Gerät auftauchen muß (KERMABON u. a. 1969).

Radiometrie und Geothermie

Die Prospektion auf einige an der Oberfläche des Meeresbodens liegende Mineralien mit Strahlungsträgern (z. B. Phosphoritkonkretionen mit bedeutenden Gehalten an Urandioxid und -trioxid) ist durch den Einsatz von Systemen mit Strahlungsdetektoren möglich.

Messungen des terrestrischen Wärmeflusses erfolgten bereits in allen Meeren. Es wird seit Jahren vermutet, daß sich metallische Erzkörper mit erhöhter Wärmeleitfähigkeit durch lokale positive Anomalien abgrenzen lassen. Des weiteren ist das Auftreten heißer Metallschlämme bekannt geworden, die den Einsatz geothermischer Methoden geradezu herausfordern.

Zum Abschnitt III. sei zusammenfassend auf die Notwendigkeit des komplexen Einsatzes der geophysikalischen Methoden und auf die Notwendigkeit der komplexen Interpretation unter Verwertung der Ergebnisse der anderen Disziplinen der Meeresforschung ausdrücklich hingewiesen. Die Entwicklung tendiert in Richtung des Einsatzes komplexer geophysikalischer Systeme für die Durchführung bestimmter Erkundungsprozesse entweder als kontinuierliche oder als stationäre Aufnahme.

IV. Zum Einsatz der geoelektrodynamischen Verfahren auf See

(Tellurik, erdmagnetische Tiefensondierung, Magnetotellurik nach BERDITSCHEWSKIJ u. a. 1969; DENISKIN 1969; KÜHN 1970a, 1970b)

Die geoelektrodynamischen Verfahren nutzen das natürliche elektromagnetische Variationsfeld der Erde zur geoelektrischen Tiefenerkundung aus.

Erste Versuche, tellurische Ströme in wasserbedeckten Gebieten nachzuweisen, wurden 1934 von MIONOW in der Barentssee durchgeführt. Seit Beginn der Entwicklung der Tellurik und Magnetotellurik als Erkundungsmethoden (1950) hat es nicht an Versuchen gefehlt, Messungen auch in wasserbedeckten Gebieten durchzuführen. Diese Untersuchungen erreichten einen ersten Höhepunkt im Internationalen Geophysikalischen Jahr 1957/58 durch seetellurische Messungen auf sowjetischen Forschungsschiffen, auf Eisdriftstationen des Nordpolarmeers und mittels Unterwasserkabel. Aus dieser Periode stammen auch die ersten geologischen Aussagen insbesondere aus dem Nordpolarmeer (DENISKIN 1969).

In den folgenden Jahren wurden in der UdSSR, den USA, Großbritannien, Frankreich, Kanada, Japan und in der DDR gezielte apparative und methodische Entwicklungen zur Realisierung magnetotellurischer Messungen im Seebereich durchgeführt. Genannt sei hier nur die Entwicklung von Seebodenmagnetometern in der UdSSR, Frankreich, den USA und Kanada für den Einsatz in der Tiefsee (KÜHN 1970a).

Geologische Aussagen durch Seemagnetotellurik sind dann möglich, wenn es gelingt, die elektromagnetische Impedanz $Z = E/H$ an der Seeoberfläche $(z = 0)$ bzw. am Seeboden $(z = h_1)$ zu messen (E = elektrisches Variationsfeld, H = magnetisches Variationsfeld). Es bieten sich mehrere Varianten an:

1. Messung von E und H an der Seeoberfläche $\rightarrow Z$ $(z = 0)$, Oberflächenstation nach TICHONOW & CAGNIARD;

2. Messung von E in 2 Niveaus $\rightarrow Z\ (z = h_1)$, Vorschlag von CAGNIARD;

3. Messung von H in 2 Niveaus $\rightarrow Z\ (z = h_1)$, Vorschlag von FONAREW;

4. Messung von E und H am Seeboden $\rightarrow Z\ (z = h_1)$, UW-Station nach TICHONOW & CAGNIARD;

5. Messung von E an sich bewegenden Seestationen im Vergleich zu einer E-, H-Station an Land bzw. im Seebereich.

Es ist technisch sehr aufwendig, E- und H-Messungen an der Seeoberfläche zu realisieren, weshalb der Seebodenstation und den Messungen an bewegten Seestationen die größten Perspektiven einzuräumen sind (BERDITSCHEWSKIJ u. a. 1969; KÜHN 1970b).

Probleme für seemagnetotellurische Messungen:

1. Die Variationen des magnetotellurischen Feldes liegen in einem für handelsübliche elektronische Geräte ungewöhnlichen Frequenzbereich $f = (0-1)$ Hz und erfordern damit für Land- und Seemessungen selbständige apparative und methodische Arbeiten. Die Methodik der Seemessungen wird fast ausschließlich durch die apparativen Möglichkeiten bestimmt und ist international außerordentlich vielgestaltig.

2. Da der Wasserkörper gegenüber den Gesteinskomplexen des Meeresuntergrunds elektrisch wesentlich besser leitet, ist (wegen der verminderten Eindringtiefe — Skineffekt) mit erhöhter Stromdichte der tellurischen Ströme im Wasser zu rechnen. Dies wirkt sich stark auf an der Seeoberfläche, auf Inseln und in Küstengebieten gemessene magnetotellurische Variationen aus. Man beobachtet eine starke Abhängigkeit von der Wassertiefe (Seebodenrelief!). An Inseln und Küstenlinien kommt es zur Ausbildung von Induktionsanomalien, die als „Insel- und Küsteneffekte" der verschiedensten Typen bekannt sind. Die Auswahl der seemagnetotellurischen Stationen sollte so erfolgen, daß diese Effekte vernachlässigt werden können.

3. Durch die Bewegung des elektrisch leitenden Meerwassers im Erdmagnetfeld (Meeres- und Gezeitenströme, Meereswellen) treten konstante elektrische Felder, diskontinuierliche und kontinuierliche elektromagnetische Variationsfelder auf, die sich dem allein interssierenden magnetotellurischen Feld überlagern bzw. es im ungünstigsten Fall überdecken (WEAVER 1965).

4. Für bewegte tellurische Stationen muß wegen der Temperaturabhängigkeit der Elektrodenpotentiale der Einfluß interner Wellen im Wasserkörper beachtet werden.

In der Sektion Geowissenschaften der Bergakademie Freiberg wurde eine ausführliche Analyse über den internationalen Stand der Seemagnetotellurik erarbeitet (KÜHN 1970a). Diese Analyse enthält neben den Grundlagen der Seemagnetotellurik eine Zusammenfassung aller veröffentlichten geologischen Ergebnisse seemagnetotellurischer Arbeiten.

Die apparativen Arbeiten der Sektion Geowissenschaften zur Seemagnetotellurik beziehen sich auf:

1. den Bau verschiedener Typen von Meereselektroden;

2. den Bau einer Kompensationseich- und -filtereinheit für seemagnetotellurische Arbeiten mittels elektronischen Kompensationsbandschreibers;

3. die Vorbereitung einer Induktionsspule mit Deflektorstäben für den Unterwassereinsatz im Schelfbereich sowie deren Erprobung bei verschiedenen Meßfahrten.

Aus dem vorliegenden Registriermaterial war es möglich:

1. absolute tellurische Ellipsen synchron zu einer Basisstation an Land,

2. magnetotellurische Sondierungskurven bezüglich der an der Basisstation Land gemessenen Variationen und auch bezüglich der im Wasser gemessenen magnetischen Variationen im Periodenbereich der Pulsationen zu messen.

Zusätzlich konnten erstmalig für die Ausarbeitung einer Seetellurikmethode mittels bewegter Station grundlegende Erfahrungen und erste geologische Ergebnisse erarbeitet werden.

Der gegenwärtig international erreichte Stand der Seemagnetotellurik stellt apparativ und methodisch einen Anfang für systematische tiefenelektrische Arbeiten in wasserbedeckten Gebieten dar. Die Entwicklung führt zu automatischen magnetotellurischen Stationen, deren Errichtung unter der Verwendung von Schiffen und Spezialanlagen wie U-Booten, UWL, Vertikalschwimmern, Bojen etc. erfolgen wird, wobei für tiefe magnetotellurische Sondierungen im Ozean bedeutend günstigere Bedingungen als an Land zu erwarten sind (BERDITSCHEWSKIJ u. a. 1969; KÜHN 1970a).

Zusammenfassung

Die Meeresforschung und Meeresnutzung stehen bereits gegenwärtig als aktuelle Aufgabe vor den Wissenschaftlern unserer Republik. Es wird daher in dem Beitrag eine Übersicht über den Stand und die Entwicklungstendenzen der Seegeophysik gegeben. Besonders berücksichtigt werden dabei die geoelektrodynamischen Verfahren.

Резюме

Исследование и использование богатств моря является уже в настоящее время актуальной задачей для ученых нашей республики. Поэтому в статье дается обзор о состоянии геофизики и тенденции к ее развитию. При этом особенно принимаются во внимание геоэлектрически-динамические методы.

Summary

At present, marine research and utilization already present themselves as a topical problem for scientists of our Republic. The present article therefore reviews the status and development trends of geophysics, with special reference to geoelectric-dynamic methods.

Literatur

BACHMANN, H.: Ökonomische und rechtliche Aspekte der Nutzung maritimer Rohstoffquellen. In: Prognostische Aufgaben der Geologie bei der Bereitstellung mineralischer Rohstoffe. — Ber. dt. Ges. geol. Wiss., A, 13, 4, 519—535 (1968).

BALASCHKAND, M. I., E. CH. WENIKOW, K. A. LEBEDEW u. a.: Oprobowanie ustanowki gasowoi detonazii (UGD) s apparaturoj nakoplenija signalow. — Raswed. Geofisika, 32, 57—63 (1969).

BELOUSOW, W. W.: Die Tektonosphäre der Erde. — Z. angew. Geol., 16, 1, 45—54, Berlin 1970.

BERDITSCHEWSKIJ, M. N., & L. L. WANJAN: Perspektiwy glubinnich magnitoteluritscheskich sondirowanij na akwatoriach. — Fisika Semli, 11, 51—56 (1969).

BRUNS, E.: Ozeanologie. — Berlin, I (1958), II (1962), III (1968).

BRUNS, E., & H.-J. BROSIN: Das Meer. — Leipzig 1969.

BUNGENSTOCK, H., & K. DEPPERMANN: Neuere seismische Entwicklungen im Rahmen der Meeresforschung. — Erdöl u. Kohle, 23, 1, 7—10 (1970).

CARMAGNOL, P.: General reconnaissance and oceanography. — C. G. G., 37 S., Paris 1968.

DENISKIN, N. A.: Magnitotelluritscheskoe sondirowanie w Sewernom Ledowitom Okeane. In: Magnitotelluritscheskie metody isutschenija semnoj kory i werchnej mantii. — Meshwedomst. Geof. Kom. Pres. AN SSSR, 215—219, Moskwa 1969.

EDELMANN, H.: Methoden der Erzeugung seismischer Energie auf See. — Z. Geophys., **34**, 513—529 (1968).

GANTAR, C., & C. MORELLI: First tests on the new Bell Aerosystems sea gravity meter. — Boll. Geofisica, **11**, 43/44, 173—190 (1969).

HERING, N.: Rohstoffgewinnung aus dem Meer. — Meerestechnik, **0**, 11—16 (1970).

KALINKO, M. K.: Perspektiven der Erdöl-Erdgas-Führung der Aquatorien der Erde. — Z. angew. Geol., **15**, 8, 404—410, Berlin 1969.

KAUSCH, P.: Nationale Forschungsprogramme auf dem Gebiet der Ozeanographie. — Glückauf, **106**, 6, 288—292 (1970).

KERMABON, A., C. GERIN & P. BLAVIER: A deep sea electrical resistivity probing device. — Geophysics, **34**, 4, 554—571 (1969).

KÜHN, P.: Ausnutzung des natürlichen elektromagnetischen Variationsfeldes der Erde für die Tiefenerkundung wasserbedeckter Gebiete. — Diss. Bergakad. Freiberg 1970 [1970a].

— Grundlagen seetellurischer Messungen. — Acta Geodaet., Geophys., Montanist. Acad. Sci. Hung., **5**, 1/2, 5—20, (1970) [1970b].

LACOSTE, L. J. B.: Measurement of gravity at sea and in the air. — Rev. Geophys., **5**, 4, 477—526 (1967).

LEENHARDT, O.: Kontinuierliche seismische Präzisionsprofilierung. — Z. angew. Geol., **16**, 2, 89—93, Berlin 1970.

LEHMANN, M.: Die erdmagnetische Vermessung des westlichen und mittleren Teils der südlichen Ostsee. — Z. angew. Geol., **10**, 4, 206—210, Berlin 1964.

MAAK, R.: Kontinentaldrift und Geologie des südatlantischen Ozeans. — 164 S., Berlin 1969.

MCKENZIE, D. P.: Großschollentektonik und Kontinentaldrift. — Endeavour, **29**, 106, 39—44 (1970).

MERO, J. L.: The mineral resources of the sea. — 312 S., Amsterdam 1965.

MILITZER, H., & G. PORSTENDORFER: Stand und Entwicklungstendenzen geophysikalischer Untersuchungen für die Tiefenerkundung. — Z. angew. Geol. **14**, 12, 617—630, Berlin 1968.

MIYASHIRO, A., F. SHIDO & W. EWING: Petrologic models for the Mid-Atlantic-Ridge. — Deep-Sea Res., **17**, 1, 109—123 (1970).

NAGUMO, S., H. KOBAYASHI & S. KORESAWA: Improvements of ocean-bottom seismograph — construction of a long-life magnetic tape recorder. — Bull. Earthqu. Res. Inst., **46**, 861—875 (1968).

PLAUMANN, S., u. a.: Gegenwärtige Möglichkeiten geophysikalischer Lagerstättenprospektion in Meeresgebieten. — Erzmetall, **23**, 1, 15—19 (1970).

SCHÜTZLER, A.: US-Meeresforschung ohne Maske — Das militärisch-ozeanographische Programm der amerikanischen Marine. — Poseidon, I, 12, 545—549 (1969). II, 1, 26—29 (1970) [1970a]; III, 2, (1970) [1970b].

STRZODKA, K., & H. WEHRSIG: Gegenwärtiger Stand und Entwicklungstendenzen der submarinen Gewinnung mineralischer Rohstoffe. — Bergbautechnik, **20**, 2, 108—113 (1970).

SWEREW, S. M.: Problemy seismitscheskich issledowanij semnoj kory okeanow. — Fisika Semli, 4, 49—64 (1970).

SWEREW, S. M., & W. S. NOWIKOW: Nekotorye perspektiwy raswitija techniki i metodiki GSZ na more. — Sb. Morskaja geologia i geofisika, No. 1, 43—47, Riga 1969.

WEAVER, J. T.: Magnetic variations associated with ocean waves and swell. — J. Geophys. Res., **70**, 8, 1921—1929 (1965).

Geneva Convention on the Continental Shelf. — UN Treaty Ser., **499**, No. 7302 (1964).

Gesetz über die Erforschung, Ausbeutung und Abgrenzung des Festlandsockels der DDR. — Gesetzblatt DDR vom 20. 2., Teil I, Nr. 2, 5—6, Berlin 1967.

Proklamation der Regierung der DDR über den Festlandsockel an der Ostseeküste der DDR. — Gesetzblatt DDR v. 26. 5., Teil I, Nr. 6, 99, Berlin 1964.

Resources of the sea beyond the continental shelf. — Bericht des UNO-Generalsekretärs, 47. Tagung des UNO-Rates für Ökonomie u. Sozialwesen vom 2. 6. 1969. Economic und Social Council. Offical records Nr. E/449, ad.

Probleme der Erdöl- und Erdgassuche im Ostseebecken

D. A. TUGOLESOW, Ju. Ja. KUSNEZOW, L. R. REWIN, A. P. MILASHIN & W. W. FEDYNSKIJ, UdSSR

In den letzten Jahren wuchs die Erdöl- und Erdgasförderung aus dem Meeresboden schnell an. Die nachweisbaren Vorräte an Kohlenwasserstoffen in den Schelfen der Weltmeere machen ca. 9 Mrd. t, die prognostischen bis 135 Mrd. t aus, im Gegensatz zu den Kontinenten mit ca. 300 Mrd. t. Es ist allgemein bekannt, daß in der Nordsee die Erdöl- und Erdgaserkundung durchgeführt wird. Allein in den Anteilen Großbritanniens und Westdeutschlands wurden mehr als 60000 laufende Kilometer seismische Profile in einem Abstand von 5 bis 25 km vermessen. Auch im dänischen, holländischen und norwegischen Nordseegebiet werden solche Arbeiten durchgeführt. Insgesamt wurden dort mehr als 60 Bohrungen niedergebracht, durch die bisher fünf Erdgas- und eine Erdöllagerstätte erschlossen wurden. Nach der Anzahl der eingesetzten Bohranlagen steht die Nordsee nach dem Golf von Mexiko an zweiter Stelle.

Auch die Ostsee beginnt die Aufmerksamkeit der Forscher der Anliegerstaaten auf sich zu ziehen. So hat z. B. Schweden bereits 12000 km seismische Profile vermessen. Bei Gotland und bei Schonen bereitet man Offshore-Bohrungen vor. In Übereinstimmung mit den Genfer Konventionen von 1958 haben die UdSSR, die DDR, Dänemark, die VR Polen, Finnland, Westdeutschland und Schweden das Recht, die Bodenschätze der Ostsee auszubeuten. Die Notwendigkeit zur Erörterung geologischer, ökonomischer und rechtlicher Fragen bei der Suche und Erschließung von Erdöl- und Erdgaslagerstätten im Ostseeraum ist herangereift.

Aus: „Sowjetskaja geologija", Heft 3, S. 5—16, Moskau 1969.

Übers. und wissenschaftliche Bearbeitung Dipl.-Geol. H. GALLE, VEB Geophysik, Leipzig.

Der vorliegende Artikel behandelt nur geologische Voraussetzungen einer Erdöl-Erdgas-Führung, aber auch einige Ergebnisse und etwaige Richtungen der geologisch-geophysikalischen Forschung in der Ostsee.

1. Der geologisch-geophysikalische Untersuchungsstand der der Ostsee anliegenden Gebiete ist hinlänglich gut. Der Ostseeraum ist jedoch sehr ungleichmäßig erforscht. Schweremessungen sind selten, wurden in allen Meeresteilen in nur geringem Umfang durchgeführt und erlauben deshalb nur den Entwurf einer sehr schematischen Schwerekarte, die große weiße Flecken an den Küsten der Sowjetunion, Schwedens und der DDR aufweist. Vereinzelte magnetische Messungen wurden vom Institut für Erdmagnetismus und Radiowellenausbreitung (IZMIR) der Akademie der Wissenschaften der UdSSR mit dem Schoner „Sarja" (EFENDIEWA 1967) vorgenommen. Aeromagnetische Messungen im mittleren Maßstab führte man in der nordöstlichen Ostsee durch. Aus diesen Gründen konnten bisher nur schematische magnetische und gravimetrische Karten für den Ostseeraum entworfen werden.

In der Ostsee wurden auch seismische Erkundungsarbeiten durchgeführt. In ihrem südöstlichen Teil wurden 1962 bis 1964 im Küstenbereich der UdSSR reflexionsseismische Arbeiten (LEWTSCHENKO & MARTINOWA 1965) ausgeführt. Die gesamte Profillänge beträgt ca. 2000 km. Zwei Regionalprofile queren einen großen Teil der Ostsee. Die Arbeiten wurden nach der Methode der kontinuierlichen Profilierung mit einem Schußintervall von 420 m durchgeführt, wobei ein schwimmender Kabelbaum mit piezoelektrischen Hydrophonen und eine Schießleitung verwendet wurden.

An sicheren geologischen Grenzen in Sedimenten wurden Reflexionen mit Intervallen von 0,4 bis 2 s registriert. Auf einem großen Teil der seismischen Profile wurden ein bis zwei Stützhorizonte ununterbrochen verfolgt. Hinzu treten auf bedeutenden Strecken (bis 30—50 km) andere reflektierende Flächen. Insgesamt werden sieben Reflexionshorizonte mit unterschiedlicher Persistenz entlang der Fläche ausgeschieden. Auf einigen Abschnitten (besonders im Süden) wurden intensive Resonanzschwingungen beobachtet, weshalb die Aussonderung realer Wellen mit großen Schwierigkeiten verbunden war.

Für den stratigraphischen Anschluß der Reflexionshorizonte benutzte man die Bohrungen Piltene, Adse und Kaliningrad-Süd im sowjetischen Baltikum, die von den Seeprofilen jeweils 25, 45 und 70 km entfernt sind, und auch die Resultate seismischer Erkundungsarbeiten auf dem Festland. Dabei muß betont werden, daß die Seeprofile nicht direkt an die Bohrungen und an die Landprofile angeschlossen werden konnten. Deshalb liegt nur ein angenäherter stratigraphischer Anschluß vor.

Die Horizonte II und III erscheinen im Sedimentkomplex als Hauptstützhorizonte. Der Horizont II (0,8 bis 1,1 s) tritt am allerbesten in der nördlichen Hälfte des vermessenen Teils der Ostsee auf. Im gleichen Zeitintervall wurde auf dem Festland ein Reflexionshorizont erfaßt, der im oberen Ordovizium liegt. Deshalb wird der Horizont III ebenfalls dem oberen Ordovizium zugeordnet.

Auf einigen Profilen wird unterhalb des Horizontes II der Horizont I (1,2 bis 1,3 s) erkannt. Nach der mittleren Effektivgeschwindigkeit zu urteilen, die aus bohrlochseismischen Messungen in den genannten Bohrungen bestimmt wurde, liegt er über 250 bis 300 m tiefer als der Horizont II. Dieser Differenz entspricht die summarische Mächtigkeit des Kambriums und Ordoviziums in den Bohrungen. Deshalb wird der Horizont I dem Unteren Kambrium zugerechnet.

Auf einzelnen Abschnitten verschiedener Profile erfaßte man die Horizonte III, IV und V. Sie werden auf Grund ihrer Lage im Profil, des Vergleichs mit Bohrprofilen und der Angaben der Seismik auf dem Festland stratigraphisch angeschlossen. Den Horizont III bezieht man auf das Mittlere, den Horizont IV auf das Obere Silur. Der Horizont V befindet sich anscheinend im Perm, zuweilen an dessen Basis. Im Südteil des vermessenen Gebietes ist der Stützhorizont VI (0,3 bis 1,0 s) überall gut erfaßt worden. Er läßt sich sicher an die Ergebnisse der seismischen Bohrlochmessung der Bohrung Kaliningrad-Süd anschließen und dem Oberen Perm zuordnen. Außer diesem Horizont wird der Reflexionshorizont VII beobachtet, der anscheinend in der Trias liegt.

Auf der Basis der durchgeführten seismischen Arbeiten ist es möglich, strukturelle Karten für die Basis des Ordoviziums, die Oberfläche des Perms und andere Horizonte des sedimentären Deckgebirges zu konstruieren und für die wichtigsten tektonischen Strukturen in diesem Teil des Ostseeraums zu entwerfen. Im einzelnen wurde die Existenz einer großen Kuppel, „Liepājaer Meer", vermutet, die nordwestlich der tiefen Liepajāer Senke liegt, darüber hinaus auch viele kleinere tektonische Formen. Es ist nicht ausgeschlossen, daß sich bei der tektonischen Korrelation im Gebiet der Kuppel „Liepājaer Meer" einiges anders herausstellen kann. Für die Klärung dieser Frage sind weitere geophysikalische Forschungen unumgänglich.

Zu bemerken bleibt, daß seismische Untersuchungen und Bohrarbeiten auf dem Festland folgten (1965 bis 1967), die zur Abänderung der errechneten mittleren Geschwindigkeiten führten, die bei der Interpretation der erwähnten seeseismischen Arbeiten angenommen wurden. Eine Neuinterpretation steht bevor, jedoch wird sich nur die absolute Tiefe der Stützhorizonte, aber nicht die relative Gestalt der bestimmten Erhebungen und Senken verändern.

Geoelektrische Prospektionsarbeiten in der Ostsee wurden nur in bescheidenem Maße 1964 längs der Küste des sowjetischen Baltikums durchgeführt. Sie trugen Versuchscharakter und ergaben im Vergleich zu schon vorliegenden seismischen Ergebnissen nichts Wesentliches und bedeutend Neues. Dies war bedingt durch die Existenz abschirmender gips- und salzführender Horizonte im Devon und Perm. Bessere Resultate ergaben Versuchssondierungen mit der Feldaufbaumethode im Nordteil der Gdańsker Bucht bei Kap Taran, wo ein Horizont mit großem Widerstand in 4 km Tiefe verfolgt werden konnte, der anscheinend mit der Oberfläche des präkambrischen Fundaments übereinstimmt. 1966 bis 1967 wurden detaillierte geoelektrische Messungen im Rigaischen Meerbusen durchgeführt. Sie verliefen sehr erfolgreich und erlaubten, strukturelle Karten der Oberfläche des präkambrischen metamorphen Fundaments aufzustellen. Diese Karten ergaben, daß die bis dahin existierende Vorstellung einer tiefen, geschlossenen Rigaer Senke (Kowalewskij & Ozolin 1967) nicht der Wirklichkeit entspricht.

Diese ausgeführten geophysikalischen Forschungen im Ostseeraum ergeben einiges Material zur Klärung des geologischen Aufbaus im Ostseegebiet. Ein guter geologisch-geophysikalischer Untersuchungsstand des umgebenden Territoriums gibt die Möglichkeit einer genügend sicheren Extrapolation der Festlandsstrukturen für viele Abschnitte des Meeresbereichs.

2. Die Senke der Ostsee liegt im wesentlichen in durch ihren geologischen Aufbau unterschiedlichen Abschnitten der Erdkruste (Abb. 1). Ein großer, nordöstlicher Teil derselben befindet sich in Bereichen der durch traditionelle geologische Untersuchungen abgeteilten alten Europäischen (Russischen) Tafel. Die Südwestgrenze dieser Tafel wurde lange Zeit (durch einige Geologen, z. B. durch J. Znosko) entlang der sogenannten Tornquist-Linie gezogen, die den nordöstlichen Bezirk der Dänisch-Polnischen Senke bilden. In letzter Zeit wurde in Verbindung mit Bohrungen in Dänemark (Sorgenfrei 1966) und Großbritannien, die in geringen Tiefen hochmetamorphe Gesteine des Präkambriums erschlossen, die Frage der Südwestgrenze der Europäischen Tafel erneut überprüft und verstärkt diskutiert (Bogdanow 1968, Znosko 1964a und 1964b, Kölbel 1964).

Die große Bedeutung der Tornquist-Linie besteht darin, daß sie einen riesigen Bruch oder eine gewaltige Flexur bildet, der bzw. die ein stark abgesunkenes Gebiet der Dänisch-Polnischen und der Polnisch-Deutschen Senke von der im Vergleich dazu wenig gesenkten Baltischen Syneklise abtrennt. In den letztgenannten

Bereichen liegt die Oberfläche des präkambrischen Fundaments durchschnittlich 1,5 bis 2 km tief, in dem am meisten eingesenkten Teil sinkt es auf 4 und mehr Kilometer ab. Die Baltische Syneklise, deren nordöstlicher Teil unter der Ostsee liegt, wird von allen Seiten durch Hebungen umgeben: im Norden und Westen durch die Flanken des Baltischen Schildes, im Osten durch den Lettischen Sattel, der sich von der Moskauer Syneklise abtrennt, und im Südosten durch die Flanken der Belorussischen Anteklise. Nur im Südwesten grenzt sie an die viel tiefere Dänisch-Polnische Depression und die Polnisch-Deutsche Senke. Letztlich ist die Baltische Syneklise die ausgedehnteste des Gebiets im Vergleich zu der wenig gekrümmten Tafelstruktur mit sehr flachgeneigten Flanken, die für Syneklisen alter Tafeln charakteristisch sind. Ihr stratigraphisches Profil enthält das gesamte Paläozoikum relativ vollständig. An der Basis der Tafelablagerungen, die die Syneklise füllen, lagern im östlichen Teil wenig mächtige Sand-„Bänke" des Waldaikomplexes. Ablagerungen des Kambriums und Ordoviziums — ein im sowjetischen Baltikum gut bekannter Abschnitt — treten fast im gesamten Areal der Syneklise in geringer Mächtigkeit auf.

Das Silur ist mächtiger entwickelt und erreicht im am stärksten eingesunkenen Teil der Syneklise, in der Bucht von Gdańsk, eine Mächtigkeit von mehr als 2 km. Dabei ist hauptsächlich bei den Karbonatgesteinen ein charakteristischer Wechsel mit Tonen von den Flanken in Richtung zum Zentrum der Syneklise zu bemerken. Die Mächtigkeit des Silurs nimmt nach Westen, zur Dänisch-Polnischen Senke ständig zu. Die Devonablagerungen sind im Gegensatz zum Silur im östlichen Teil der Syneklise weniger vollständig entwickelt und keilen nach Westen schnell aus. Ablagerungen des Karbons haben sich sehr unbedeutend entwickelt, Perm und Trias aber besitzen eine ziemlich große Mächtigkeit im südlichen Teil der Syneklise.

Auf diese Weise hat sich die Baltische Syneklise in ihren verschiedenen Teilen während der verschiedenen Perioden des Paläozoikums eingesenkt.

Innerhalb der Syneklise tritt eine Reihe von Kuppeln und Brachyantiklinalen auf. Als eine weniger große Zone kuppelbildender Hebungen erscheint die Liepāja—Saldus-Zone, die sich entlang der nördlichen Flanke der Syneklise vom östlichen Ufer des Rigaer Meerbusens bis Liepāja erstreckt. Nördlich und parallel zu ihr ist eine zweite Kette von Kuppeln angeordnet, so die von Kandava, von Kuldiga und andere. Auf dem südwestlichen, in der Ostsee liegenden Teil der Zone tritt die Erhebung des „Liepāja-Meeres" hervor, die sich als die wichtigste der bis jetzt aus dem Ostseegebiet bekannten Hochlagen erweisen könnte.

Im abgesunkenen Teil der Baltischen Syneklise und an ihrem südöstlichen Rand ist durch seismische Erkundung eine Reihe von Brachyantiklinalen erkannt worden. Danach ist das Hauptaugenmerk besonders auf die Klaipéda-Aufstülpung im südöstlichen Teil des Meeres zu richten, wo das Fundament bereits auf bedeutende Tiefe abgetaucht ist und die Sedimentmächtigkeit 2 km übertrifft. Diese Aufstülpung erlangt großes Interesse, da in angrenzenden Gebieten der Litauischen SSR und Kaliningrads in letzter Zeit abbauwürdiges Erdöl entdeckt wurde. Nicht ausgeschlossen ist sogar das Vorhandensein kuppelbildender Strukturen in der durchlaufenden Einbiegung, die die Liepāja-Senke vom am stärksten eingesunkenen Teil der Syneklise abtrennt. W. A. Lewtschenko stellte hier zwei bis drei kuppelförmige Erhebungen fest.

Auf der Grundlage der verhältnismäßig unvollständigen gravimagnetischen Daten, aber auch durch indirekte Kennzeichen (geneigte, flexurbildende Einbiegungen in der Sedimentdecke, Charakter des Reliefs des Meeresbodens) konstatierten viele Wissenschaftler innerhalb der Baltischen Syneklise und der sie umgebenden Tafelerhebungen eine ganze Reihe von Störungen, die vermutlich die kristalline Basis der Tafel spalten. Die bekanntesten dieser Störungen werden auf der abgebildeten tektonischen Karte gezeigt (Abb. 1).

Die Baltische Syneklise (gleich wie auch der Baltische Schild) findet im Südwesten in einer steilen Umbiegung riesiger Amplitude ihren Abschluß. Alle Schichtenfolgen der Sedimentdecke, die die Syneklise füllen, wurden durch gewaltige mesozoische Bewegungen der Dänisch-Polnischen Senke verbogen und eingetaucht. Diese Senke besitzt eine sehr komplexe, teils aushaltend und ungleichmäßig entwickelte tektonische Form. Im Mesozoikum bildete sich gleichzeitig mit intensiver Durchbiegung und Akkumulation der Sedimente der Pommerisch-Kujawische Wall längs der Achse des polnischen Teils der Senke. Als Ergebnis ist in diesem Teil der Senke ein Wechsel von auf viele Zehner Kilometer sich linear erstreckender, relativ schmaler Antiklinalen und Synklinalen zu verzeichnen. Jura und Kreide der Dänisch-Polnischen Depression verdecken hier die Struktur der unterlagernden Ablagerungen. Durch Bohrergebnisse aus verschiedenen Teilen der Senke und durch seismische Erkundungen ist jedoch bekannt, daß hier die Mächtigkeit der Trias und des Perms sehr bedeutend angewachsen ist. Mächtige Salzmassen des Zechsteins bilden auf dem Pommerisch-Kujawischen Wall, aber auch im dänischen Teil der Senke eine ganze Reihe von Salzkuppeln. Aus Bohrangaben in der VR Polen ist zu schließen, daß Ablagerungen des Karbons, Devons, Silurs und anscheinend auch des Ordoviziums das Perm unterlagern und durch bedeutende Mächtigkeiten charakterisiert sind. Dadurch weist sich der polnische Teil der Furche als eine sehr tief abgesunkene tektonische Senke aus (Erosowski 1965, Dadlez & Młynarski 1967).

Der dänische Teil der Dänisch-Polnischen Senke ist viel weniger gut bekannt. Festgestellt worden ist, daß hier das präkambrische Fundament nur in geringe Tiefen absinkt. Die Trias und das Obere Perm sind hier mächtig entwickelt. Jedoch werden im Vergleich zum polnischen Teil der Senke geringere Mächtigkeiten der Jura—Kreide und anscheinend wesentlich geringere Mächtigkeiten des Perms und Paläozoikums erreicht.

Von der im Süden gelegenen Polnisch-Deutschen Senke wurde der dänische Teil der Dänisch-Polnischen Senke durch eine große, sich ziemlich breit erstreckende Erhebung der Oberfläche der präkambrischen kristallinen Bildungen abgetrennt, die die Bezeichnung Ringkøbing—Fyn-Hoch erhielt. Wahrscheinlich erscheint die mächtige Entwicklung von Jura und Kreide in der Depression im Vergleich zum Becken als einziger genau festgestellter Unterschied zwischen beiden. Es bleibt eine offene Frage, ob die Dänisch-

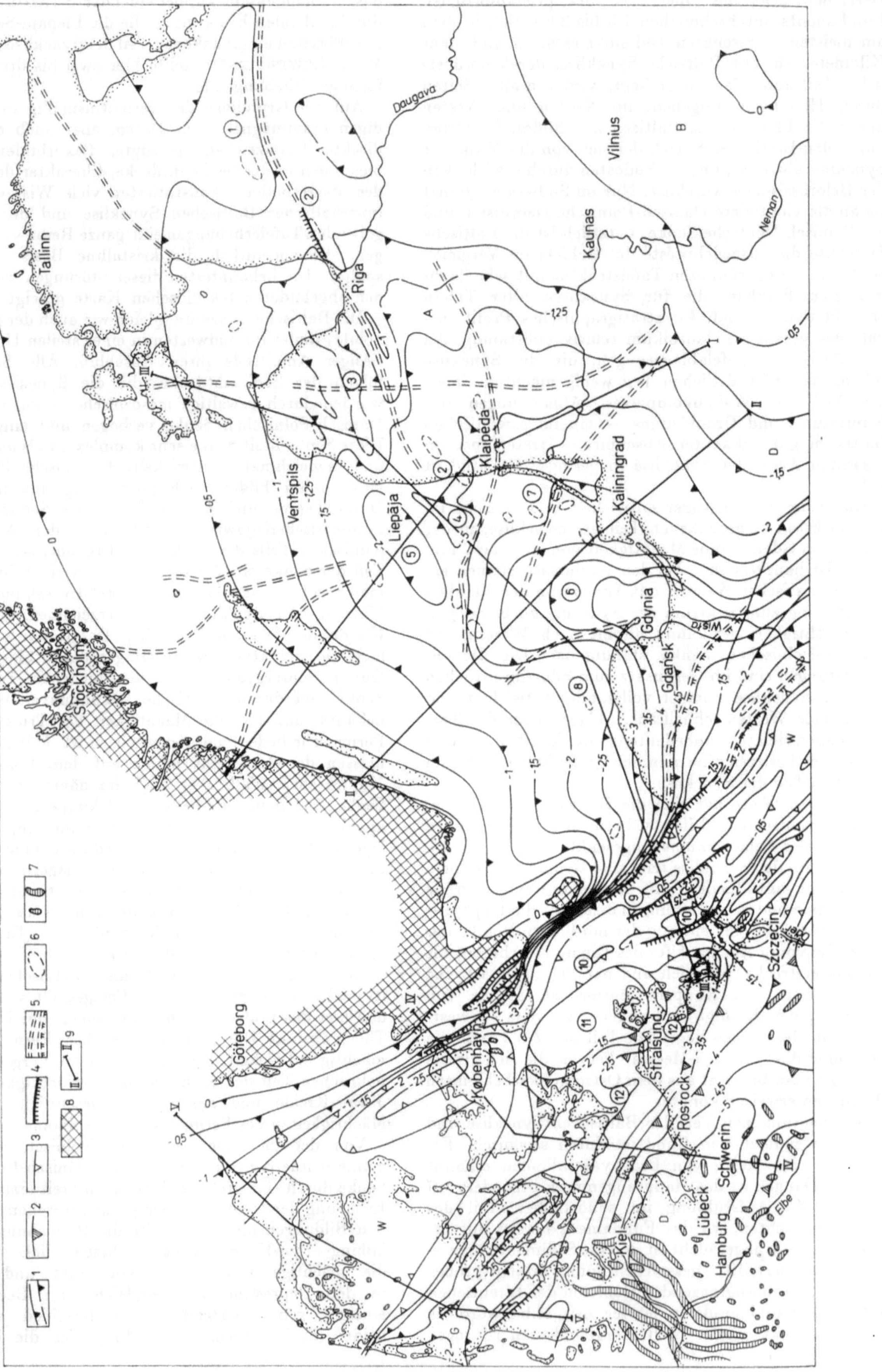
Tallinn
Riga
Daugava
Vilnius
Kaunas
Neman
Klaipeda
Kaliningrad
Ventspils
Liepāja
Gdynia
Gdansk
Wisła
Stockholm
Göteborg
København
Stralsund
Rostock
Szczecin
Schwerin
Lübeck
Hamburg
Kiel
Elbe

Abb. 1. Tektonische Übersichtskarte der Ostsee, zusammengestellt von D. A. TUGELESOW unter Verwendung von Materialien des WNIIMORGEO des WNII Geophysik, des Trusts „Spezgeophysik" des WNIGRI, des NIL-Auslandsgeologie, der Geologischen Verwaltungen der Lettischen SSR, der Litauischen SSR und der Estnischen SSR, aber auch der Forschungsergebnisse von R. DADLEZ, J. ZNOSKO, T. SORGENFREI, A. P. INDANS, H. KÖLBEL, U. M. KOWALEWSKY, E. P. KUZIK, W. A. LEWTSCHENKO, E. A. MAMEDOW, G. P. MARTINOWA, H. K. OZOLIN, L.B. PAASIKIVI, W. A. PUUR, POZARSKY, J. M. SARKISOW, N. A. SPRINGIS, M. A. EFENDIEWA u. a.

1 – Isolinien der Oberfläche des kristallinen Fundaments; 2 – Isolinien der Zechstein-Basis, des Oberen Perms; 3 – Isolinien der Jura-Basis; 4 – Verwerfungen, Überschiebungen, in Flexuren übergehend (die Zacken zeigen auf die Seite des abgesunkenen Flügels); 5 – Brüche im kristallinen Fundament, die auf Grund verschiedener Merkmale vermutet werden (im Falle sichtbarer Verschiebung zeigen die Zacken auf die Seite des abgesunkenen Flügels); 6 – einzelne Antiklinalen (oder Kuppeln) im sedimentären Deckgebirge, nicht ausgedrückt durch Isolinien des ausgewählten Schnittes; 7 – Salzkuppeln und -antiklinalen; 8 – Gebiete, in denen Gesteine des kristallinen Fundaments an der Oberfläche ausstreichen; 9 – Linien der geologischen Profile (vgl. Abb. 2)

Hauptsächliche tektonische Formen (auf der Karte markiert):

A – Baltische Syneklise
(1) Loknowsko – Valmiera-Wall, (2) Liepāja – Saldus-Strukturzone (kuppelartig), (3) Kuldīgaer Strukturzone (kuppelartig), (4) „Liepāja-Meer"-Kuppel, (5) Liepāja-Senke, (6) Gdańsker Bucht, (7) Klaipéda-Aufwölbung, (8) Łeba-Aufwölbung
B – Bjelorussische Anteklise
C – Dänisch-Polnische Furche
(9) Kołobrzeg-Antiklinale,
(10) Pommerische Antiklinalzone
D – Ringkøbing – Fyn-Hoch
E – Polnisch-Deutsche Senke

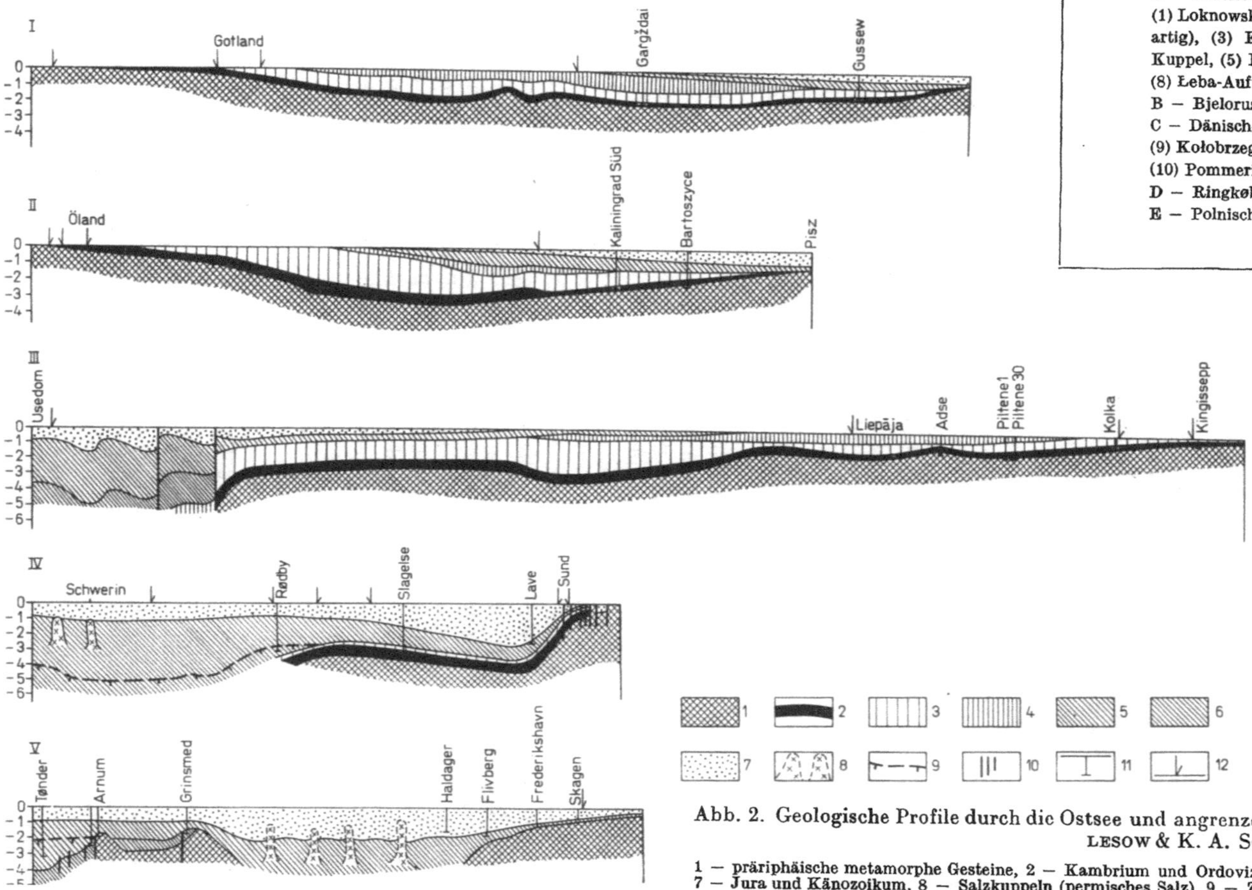

Abb. 2. Geologische Profile durch die Ostsee und angrenzende Gebiete, zusammengestellt von D. A. TUGOLESOW & K. A. SOKOLOWA

1 – präriphäische metamorphe Gesteine, 2 – Kambrium und Ordovizium, 3 – Silur, 4 – Devon, 5 – Karbon, 6 – Permo-Trias, 7 – Jura und Känozoikum, 8 – Salzkuppeln (permisches Salz), 9 – Zechstein-Basis (nur auf den Profilen IV und V dargestellt), 10 – Brüche, 11 – Bohrungen, 12 – Stellen, an denen die Profile Uferlinien kreuzen (die Zacken zeigen nach der Seeseite)

Polnische Senke eine solche ausgedehnte grabenartige Einbiegung im unteren Paläozoikum, im Devon, Karbon und Perm dargestellt haben könnte oder ob an ihrer Stelle etwa ein Steilrand des paläozoischen Polnisch-Deutschen Beckens lag, der sich dann intensiver als die Baltische Syneklise und die ihr benachbarten Bereiche eingebogen haben könnte.

Für das Polnisch—Deutsche Becken ist die allgemeine Entwicklung mächtiger Perm—Trias-Sedimentfolgen besonders charakteristisch. Das Obere Perm, der Zechstein, ist im Gebiet der Syneklise durch seine mächtigen Salzfolgen charakterisiert, die im gesamten Beckengebiet Salzkuppeln bilden. Das Untere Perm wird durch terrigene Bildungen — rotfarbene Sandsteine des Rotliegenden — zusammengesetzt. Am Beckenrand ist das Liegende durch Bohrungen aufgeschlossen worden. Danach setzt sich das Karbon aus mächtigen, karbonatisch-terrigenen Bildungen des Tafeltyps zusammen, die im allgemeinen stark einfallen. Das Devon wird von kontinentalen Sandsteinen des Old-Red-Typs gebildet, jedoch wurden im Osten, im Gebiet des polnischen Teils der Dänisch-Polnischen Senke, auch Karbonate erbohrt. Die Ablagerungen des Silurs und Ordoviziums sind durch Beschreibungen der Struktur der Dänisch-Polnischen Senke bereits kurz charakterisiert worden. Dort können sie, wie bereits erwähnt, auch sehr bedeutende Mächtigkeiten aufweisen, besitzen Tafelcharakter und sind relativ wenig deformiert worden. Die Frage bleibt offen, ob sich diese mächtigen Ordovizium—Silur-Ablagerungen auf bedeutende Entfernungen in die Gebiete des Polnisch-Deutschen Beckens hinein fortsetzen, dabei ihren Tafelcharakter behalten oder in andere intensiv dislozierte Bildungen des geosynklinalen Typs übergehen. Wie bereits einleitend gesagt, existieren verschiedene Auffassungen über dieses Problem, das damit zum Diskussionsgegenstand der europäischen Geologen wird.

Kurz zusammengefaßt kann man sagen, daß das Ostseebecken gegenwärtig im Gebiet zweier durch die Intensität der Einsenkung und der Mächtigkeit ihrer Sedimentdecken sich wesentlich unterscheidender großer Tafelbecken liegt: der Baltischen Syneklise und der Polnisch-Deutschen Senke. An der Grenze beider riesiger Becken befindet sich (nach erster Näherung) eine riesige flexurartige Verbiegung. Im Mesozoikum entstand dann die schmale tiefe Depression, die unter dem Namen Dänisch-Polnische Senke bekannt ist.

Ungeklärt bleibt die Frage, die sehr bedeutsam für das Verständnis der Entwicklungsgeschichte dieser tektonischen Struktur, aber daraus folgernd auch für die Bewertung der Erdöl- und Erdgasperspektive ist, ob sich diese Senke als selbständige Struktur bereits im Verlauf des Paläozoikums entwickelte oder ob sie in dieser Zeit lediglich einen Randteil des Polnisch-Deutschen Beckens bildete.

Bevor wir uns den Ansichten über die Erdöl- und Erdgasperspektivität des Ostseebeckens zuwenden, ist es notwendig, die tektonische Übersichtskarte (Abb. 1) kurz zu erläutern. Dort sind die Isolinien dreier Stützhorizonte im Abstand von 500 m dargestellt. Für die Baltische Syneklise und die angrenzenden Gebiete der Osteuropäischen Tafel ist es wichtig, Tiefenlinien der Oberfläche des metamorphen Grundgebirges zu konstruieren. Diese spiegeln auch die Struktur des Ringkøbing—Fyn-Hochs Dänemarks wider, wobei diese hauptsächlich durch Extrapolation der Angaben Sorgenfreis (1966) gewonnen wurden. Für das sehr tief eingesunkene Polnisch-Deutsche Becken, in dem nicht nur die Lage der Oberflächen des Präkambriums, sondern auch die vieler, bei weitem höher liegender Horizonte unklar ist, wurde die Basis des Zechsteins dargestellt. Endlich erscheint als 3. Stützhorizont die Jura-Basis, durch die die Struktur der Dänisch-Polnischen Senke widergespiegelt wird, die sich durch große Mächtigkeit des Mesozoikums von den anderen Gebieten unterscheidet. Natürlich ist die Karte in den verschiedenen Teilen unterschiedlich gut begründet, z. B. ist die Isolinienführung im sowjetischen Baltikum durch eine große Anzahl Bohrungen und seismische Messungen genügend begründet. Hingegen ist sie für die Grundgebirgsoberfläche im Ostseegebiet mit einem geringen Sicherheitsgrad behaftet. Dementsprechend zeigt sie hier weniger Einzelheiten der dargestellten Strukturen, trotz strenger Übereinstimmung im Maßstab der Karte und der vorhandenen Daten.

Natürlich werden in Abb. 1 nicht alle Besonderheiten der Lagerung der Sedimente wiedergegeben. Auch die Mächtigkeitsänderungen der einzelnen paläozoischen und mesozoischen Komplexe, die Zone des Auskeilens und die Reihenfolge der Absenkung verschiedener Teile der Baltischen und der Polnisch-Deutschen Syneklise werden nicht angegeben. Es ist nicht möglich, die Bildungszeit einzelner Strukturen aus der Karte abzulesen. Jedoch werden die hauptsächlichen Wesenszüge gegenwärtiger Strukturen in der Sedimentdecke, aber auch die wichtigsten Details ihrer Tektonik — Flexuren, Brüche großer Amplituden, Wälle, große kuppelartige Erhebungen — klar in den Isolinien ausgedrückt, die Stützhorizonte widerspiegeln, oder durch weitere Merkmale aufgezeigt. Die vorstehend aufgezählten Fragen werden bis zu einem gewissen Grade auch durch die geologischen Profile der Abb. 2 beantwortet.

3. Die Baltische Syneklise liegt im östlichen Teil des Nordeuropäischen Erdöl-Erdgas-Beckens. Die Perspektiven der Erdöl-Erdgas-Gewinnung im Bereich untermeerischer tektonischer Strukturen wie auch andere Merkmale werden durch die Besonderheiten der geologischen Entwicklung bestimmt. Die günstigsten Perspektiven für Erdöl- und Erdgaslager scheinen in der Baltischen Syneklise in den kambrischen Sandsteinen, im Polnisch-Deutschen Becken und in der Dänisch-Polnischen Senke vor allem in den oberkarbonischen, permischen und teilweise in den mesozoischen Ablagerungen gegeben zu sein. Sedimente des älteren Paläozoikums sind hier in sehr bedeutende Tiefen abgesunken.

Die kambrischen Speichergesteine der Baltischen Syneklise liegen in den Quarzsandsteinen der Tiskreskaja-Schichtfolge vor, mit einer Porosität von 11 bis 27% und einer Gasdurchlässigkeit parallel zur Schichtung bis 346 mb und senkrecht zu ihr bis zu 845 mb. Im nördlichen Teil der Baltischen Syneklise steigert sich die Erdölsättigung der Tiskreskaja-Folge von Ost nach West. An einer Reihe von Orten (Kuldīga, Gargždai) treten dort abbauwürdige Erdöllagerstätten auf. In Schweden ist in gleichaltrigen Bildungen der Bitumengehalt so groß, daß man durch deren Destillation flüssiges Öl erhält. Die Mächtigkeit des gesamten Kambriums bewegt sich zwischen 60—80 und 250—300 m. Die Mächtigkeit der Speichergesteine steigt bis zu 10 m an.

Anscheinend hat die Karbonat-Serie des Ordoviziums, in der es bis zu sechs erdöl-erdgas-führende Horizonte gibt, eine geringere Perspektive. Von ihnen liegen die meisten an der Grenze zum Silur in der Schicht organogener Trümmerkalke. Der Koeffizient der Spaltenpermeabilität der Gesteine dieses Horizonts beträgt 1,5 bis 13,3 mb, die Gasdurchlässigkeit 0,003 bis 0,25 mb und die Porosität 0,8 bis 1,7%. Geringmächtige Horizonte, durch die Ausdehnung von Einlagerungen terrigener Gesteine mit Erdöl-Erdgas-Führung schwankend, besitzen eine Porosität von 16% und eine Gasdurchlässigkeit von 15 mb. Die summarische Mächtigkeit dieses Komplexes erreicht in der Baltischen Syneklise 100 m. Es sei bemerkt, daß in der Dänisch-Polnischen Syneklise die Mächtigkeit des Ordoviziums stark ansteigt, sie übersteigt 2 km. Das Silur wird hauptsächlich durch tonig-mergelige, für Erdöl und Erdgas undurchlässige Gesteine gebildet. Dadurch steigt die Erdöl- und Erdgasperspektive für das Kambrium und das Ordovizium im untermeerischen Teil der Baltischen Syneklise. Es wäre noch zu bemerken, daß die unteren Teile des Silurs der Baltischen Syneklise einen charakteristisch hohen Bitumengehalt aufweisen.

In den am stärksten abgesunkenen Teilen der Baltischen Syneklise, in der Bucht von Gdańsk, ist das Vorhandensein von Devon-Ablagerungen nicht ausgeschlossen. Sie können auch in bezug auf die Erdöl-Erdgas-Führung perspektivisch sein. Die jüngeren Ablagerungen des Karbons, des Perms und des Mesozoikums innerhalb der Baltischen Syneklise erscheinen wegen ihrer geringen Mächtigkeit für die Suche nach Erdöl und Erdgas ungünstig.

Das Gebiet der bereits beschriebenen Liepāja-Meer-Erhebung ist zweifellos eines der perspektivischsten für die Erdöl- und Erdgassuche innerhalb der Baltischen Syneklise. Nach den Ergebnissen seismischer Profile zu urteilen, liegt nordwestlich dieser Erhebung das große und ausreichend tiefe Liepāja-Becken, das in diesem Teil der Baltischen Syneklise stärker eingesunken ist. Auf der anderen Seite dieses Beckens wird von einem seismischen Einzelprofil eine breite Stufe gequert, auf deren äußerem Bezirk in den Ablagerungen des Kambriums und des Ordoviziums eine Erhebung mit einfallenden Flanken sichtbar wird. Diese Struktur ist möglicherweise mit der tektonischen Zone Gotlands verbunden (Lewin u. a. 1968). Die Lage dieser Stufe im Bereich des relativ tiefen Liepāja-Beckens erlaubt, dieses Gebiet zu denen höherer Perspektivität zu zählen, um so mehr, da in letzter Zeit Bohrungen auf der Insel Gotland Gasanzeichen aufwiesen. Sehr vielversprechend scheint auch eine Reihe lokaler Strukturen zu sein, die mit dem soganannten Klaipéda-Vorsprung verbunden sind. Hier ist die Mächtigkeit der Sedimentgesteine bedeutend größer, und die perspektivischen erdöl-erdgas-führenden Horizonte haben eine zuverlässigere Abdeckung. Endlich sind bezüglich der Erdöl-Erdgas-Führung jene Strukturen sehr interessant, die bei seeseismischen Arbeiten an den Küsten der VR Polen im Bereich der Łeba-Aufwölbung entdeckt wurden. Den mehr abgesunkenen Teil der Baltischen Syneklise kann man infolge ihres ungeklärten geologischen Baues nicht zu den hochperspektivischen Bezirken zählen, aber er verdient trotzdem Aufmerksamkeit.

Im Polnisch-Deutschen Becken und in der Polnisch-Deutschen Senke erscheint der lithologisch-stratigraphische Komplex des Oberen Karbons und des Unteren Perms (Permosiles) als einer der perspektivischsten. Er wird von mächtigen terrigenen Serien gebildet, im Karbon mit Kohleneinlagerungen, im Unteren Perm mit Horizonten von Effusivgesteinen und Salzeinlagerungen. An die terrigenen Serien sind vielzählige Erdgaslager gebunden. Dazu gehören die Lagerstätten des Emslandes, die einzigartige holländische Lagerstätte Slochtern mit Vorräten von 1500 Mrd. m³, die Gas- und Gaskondensatlagerstätten in der Nordsee an der englischen Küste sowie andere. Die Lagerstätten liegen in der Regel in Zonen verminderter Mächtigkeiten und von Erhebungen der Schichten von 1500 bis 1000 m.

Als zweiter wichtiger erdöl-erdgas-führender Komplex erscheint der Zechstein, der durch Salze und Karbonate im Wechsel gebildet wird. In den karbonatischen Speichergesteinen ist eine große Anzahl von Erdöl- und Erdgaslagerstätten (Emsland, Rohden, Guben, Heide u. a.) genügend bekannt. In den Gebieten der abbauwürdigen Erdöl- und Erdgaslager beträgt die Mächtigkeit des Zechsteins 400 bis 1000 m.

Ferner tritt im Gebiet der Dänisch-Polnischen Senke die Schichtenfolge des Unteren Buntsandsteins (der Unteren Trias) auf. In Westdeutschland wurden aus diesem Komplex in den vergangenen Jahren mehr als ein Drittel des gesamten Vorrats an Erdgas gewonnen.

Die Hoffnung auf Lagerstättenfunde auch im Jura—Kreide-Komplex (besonders in den Sandsteinen des Mittleren Juras) ist nicht auszuschließen, obwohl bis jetzt von polnischen Geologen noch keine ernstzunehmenden Erdöl-Erdgas-Anzeichen entdeckt wurden, auch nicht in dem Festlandsbereich, wo die mesozoische Senke der Dänisch-Polnischen Depression bedeutend stärker als auf den angrenzenden Teilen des Baltikums einsank.

Endlich sollen noch einige Worte über die tieferen Horizonte und die mögliche Perspektive der Erdöl-Erdgas-Suche folgen. Sie lagern in großen Teilen des Polnisch—Deutschen Beckens und der Dänisch-Polnischen Senke in praktisch schwer erreichbaren Tiefen. Aber an der Nordostflanke der Dänisch-Polnischen Senke lagern Karbon und Devon bedeutend oberflächennäher. Mitunter sind sie durch riesige Störungen abgeschirmt, die an dieser Senkenflanke einen stufenartigen Bau verursachen. In diesem Zusammenhang verdienen die kürzlich im Bezirk Lublin durch Bohrungen an der Flanke des Lubliner Beckens erteuften ölgesättigten devonischen Kalke Beachtung (Miłaczewski, Niemczycka 1967), die im wesentlichen in südöstlicher Fortsetzung der genannten Senkenflanke liegen. Während im Karbon und im Devon gute Speichergesteine noch nicht gefunden wurden, ist es jedoch nicht ausgeschlossen, daß im Ostseebereich Erdöl- und Erdgaslagerstätten in diesen Ablagerungen entdeckt werden können.

4. Die Vorschläge zum weiteren geologisch-geophysikalischen Studium der Ostsee werden von der Hauptaufgabe und der Notwendigkeit der Einschätzung der prognostischen Vorräte an Erdöl und Erdgas in den

einzelnen lithologisch-stratigraphischen Komplexen und tektonischen Strukturen im Ostseebereich bestimmt. Für die Lösung dieser Aufgaben müssen vor allem der Charakter der hauptsächlichen tektonischen Formen und die Gesetzmäßigkeiten der Lage in ihren lokalen Strukturen — den Kuppeln, Brachiantiklinalen, linearen Falten und anderem mehr — genauer geklärt werden. Dafür ist im wesentlichen eine detailliertere seismische Erforschung vermittels der Reflexionsseismik erforderlich, die besonders im südlichen Ostseebereich durch ein relativ weites Netz von KMgW-Profilen zu ergänzen ist.

Neben seismischen Arbeiten ist es notwendig, ozeanographische Forschungen durchzuführen und andere geophysikalische Methoden anzuwenden. So könnten gravimetrische Aufnahmen hoher Genauigkeit überaus nützlich sein. In der südlichen Meereshälfte sollte man geoelektrische Prospektionsarbeiten mit der Methode des Studiums natürlicher Ströme durchführen.

Die komplexe Durchführung geophysikalischer Arbeiten sichert vollständigere Information über den Bau der sedimentären Decke und z. T. auch der Struktur des metamorphen Grundgebirges im Ostseebereich. Dabei ist es sehr wichtig, in den nächsten zwei bis drei Jahren mit dem Abteufen mehrerer tiefer Suchbohrungen zu beginnen.

Ingenieurgeologische Arbeiten in den Gebieten der Bohransatzpunkte sind unumgänglich mit dem Beginn der Bohrarbeiten verbunden, um die Grundbedingungen für den Bohransatz, aber auch für die Lösung technischer Fragen des Niederbringens tiefer Bohrungen im Meer, das im Winter zugefroren ist, zu schaffen. Hier ist eine Entscheidung notwendig, ob die Bohrarbeiten auf die eisfreie Jahreszeit zu beschränken sind oder ob eine Möglichkeit besteht, das Bohren auch im Winter fortzusetzen.

Im nördlichen Teil der Ostsee, an der Küste Sowjetbaltikums, werden die Forschungen voraussichtlich 1971 mit einem Komplex geophysikalischer Methoden fortgesetzt: seismische Erkundung mittels explosionsloser Energieanregung, geoelektrischer Erkundung und anderem. Diese Forschungen erlauben, die Struktur der Sedimentdecke der Baltischen Syneklise wesentlich zu präzisieren, neue lokale Strukturen zu entdecken sowie die Konturen und Amplituden der festgestellten Antiklinalen zu präzisieren. Im Falle der Entdeckung von Strukturen mit für Erdöl- und Erdgasakkumulationen günstigen tektonischen Bedingungen werden diese dann detaillierteren Untersuchungen unterworfen werden.

Außerdem ist es wünschenswert, internationale Expeditionen für die Ausführung von Profilen der seismischen Tiefensondierung zu organisieren. Sie müssen, um ausreichende Ergebnisse zu erzielen, alle Meeresteile durchqueren und zweckmäßigerweise an die schon existierenden Landprofile angeschlossen werden. Deshalb ist es nützlich, diese Profile unter intensiver Beteiligung der Geologischen Dienste der Anliegerstaaten der Ostsee durchzuführen.

Schließlich ist es möglich, in Verbindung mit bereits bekannten Informationen über den Tiefenbau der Erdrinde unter dem Meere auch einige Angaben über die Struktur des sedimentären Deckgebirges durch den Wärmefluß der Erde zu erhalten. Daraus folgt, daß auch diese Arbeiten vorzusehen sind.

Als Ergebnis aller aufgezählten geophysikalischen Forschungen und der tiefen Bohrungen in der Ostsee können nicht nur viel bessere Angaben über die Tektonik des Baltischen Schelfs und die Gesetzmäßigkeit der Verteilung tektonischer Formen, sondern auch bestimmte Informationen über die physikalischen Eigenschaften, die Lithologie und mögliche Speichergesteine der sedimentären Schichten erhalten werden. Nicht nur durch die Bohrergebnisse, auch durch die Interpretation der geophysikalischen Untersuchungen können wir eine lithologische Charakteristik des sedimentären Deckgebirges erhalten.

Besonders ist die Notwendigkeit der sorgfältigsten und detaillierten Verallgemeinerung und der kritischen Überarbeitung aller geologisch-geophysikalischen Daten nicht nur des Ostseegebiets, sondern auch des angrenzenden Festlands zu unterstreichen. Für die Ostsee, eigentlich ein durchgängiges Flachwassergebiet, erscheint die Kenntnis des geologischen Baues des umgebenden Festlands als eine der wichtigsten Erkenntnisquellen zur Lösung der geologischen Probleme dieses Meeres. Besonders wichtig ist die Festigung und Erweiterung der Kontakte zwischen den Geologen und Geophysikern der Ostseeländer. Es ist nicht zu bezweifeln, daß es bei aktiver, schöpferischer Zusammenarbeit in kurzer Zeit gelingen würde, die Hauptaufgabe, die Einschätzung prognostischer Vorräte an Erdöl und Erdgas der wesentlichsten lithologisch-stratigraphischen Komplexe und tektonischen Strukturen der Ostsee, zu lösen.

Literatur

BOGDANOW, A. A.: Über den tektonischen Bau der Westecke der Europäischen Plattform. — Westn. MGU, ser. geol., Nr. 5 (1968) (russ.).

DADLEZ, K., & S. MŁYNARSKI: Der geologische Bau des Untergrundes der Ostsee östlich der Odermündung. — Kwartalnik Geologiczny, Bd. 11, Nr. 3 (1967) (poln.).

EFENDIEWA, M. A.: Relief des kristallinen Fundaments im Bereich der Ostsee nach magnetometrischen Daten. — Sowjetskaja geologija, Nr. 4 (1967) (russ.).

EROSOWSKI, M.: Die Entwicklung geologischer Untersuchungen in Volkspolen. — Sowjetskaja geologija, Nr. 6 (1965) (russ.).

KÖLBEL, H.: Die Struktur des Fundaments des nordwestlichen Teiles der DDR im Lichte des Baues der umgebenden Gebiete. — Bull. MOIP, otd. geol., Nr. 3 (1964) (russ.).

KOWALEWSKIJ, J. M., & N.K. OZOLIN: Die tektonische Struktur des Westblocks der Osteuropäischen Plattform. In: Fragen der Geologie des mittleren und oberen Paläozoikums des Baltikums. — Zinatne, Riga 1967 (russ.).

LEWIN, L. E., W. G. ULST, S. L. FELDMAN & L. E. O. BERSHIN: Über die Perspektive der Erdöl-Erdgas-Führung der Ostsee-Senke. — Neftegasowaja geologija i geofisika, Nr. 7 (1968) (russ.).

LEWTSCHENKO, W. A., & G. P. MARTYNOWA: Über den geologischen Bau paläozoischer Schichten in der sich im Meer fortsetzenden Baltischen Senke. — Neftegasowaja geologija i geofisika, Nr. 2 (1965) (russ.).

MIŁACZEWSKI, L., & T. NIEMCZYCKA: Der geologische Bau des Gebietes von Niedrzwica. — Kwartalnik Geologiczny, t. 11, Nr. 3 (1967) (poln.).

SORGENFREI, T.: Strukturgeologischer Bau von Dänemark. — Geologie, 15, 6, 641—660, Berlin 1966.

ZNOSKO, J.: Zur Frage der Südwestgrenze der präkambrischen Plattform Osteuropas. — Bull. MOIP, otd. geol., Nr. 3 (1964) [1964a] (russ.).

— Der Bau des Fundaments im außerkarpatischen Teile Polens. — Sowjetskaja geologija, Nr. 2 (1964) [1964b] (russ.).

Zu Problemen der Metallogenie in der Deutschen Demokratischen Republik

III. Das System metallogenetischer Faktoren und Indikatoren als Grundlage für die Prognose endogen-epigenetischer Zinnlagerstätten im Erzgebirge und der Versuch der Ableitung eines allgemeinen metallogenetischen Wirkprinzips

GERHARD TISCHENDORF, Berlin

(Mitteilung aus dem Zentralen Geologischen Institut)

Ein wichtiger Grundsatz der dialektischen Methode besteht darin, die Dinge in ihrem funktionellen Zusammenhang zu betrachten. Dies gilt ganz besonders für mehrphasig entstandene Bildungen, die durch verschiedene und oft in unterschiedliche Richtungen verlaufende Prozesse bedingt sind, wie dies in der Regel für Lagerstätten zutrifft.

Die Hauptaufgabe der geologischen Industrie jeder Volkswirtschaft besteht darin, nutzbare Rohstoffe zu suchen und zu erkunden. Zu diesen klassischen Aufgaben der Suche und Erkundung gesellt sich neuerdings die der Prognose, d. h. der Voraussage von Lagerstätten in geologisch noch nicht oder nur unzureichend untersuchten Gebieten auf wissenschaftlicher Grundlage. Je begründeter und exakter die im wesentlichen mit wissenschaftlichen Methoden und weniger mit technischen Mitteln durchgeführte Prognose ist, um so effektiver und ökonomisch vorteilhafter wird die daran anschließende oder sich auch zeitlich mit der Prognose überlappende Suche sein. Die Durchführung einer Lagerstättenprognose vor der Suche zielt im Prinzip darauf, den Komplex beider Untersuchungsstadien durch besonders hohen Einsatz kostensparender geistiger Arbeit rationeller und ökonomischer zu gestalten.

Voraussetzung für eine wissenschaftlich begründete Prognose und Suche sind Kenntnisse einerseits über den Bildungsvorgang des betreffenden Lagerstättentyps, andererseits über den Lagerstättentyp selbst. Zum Bildungsvorgang zählen beispielsweise: Herkunft der Elemente, ihre Migration, ihre Ausfällung und Konzentrierung; über den Lagerstättentyp geben u. a. seine Mineralparagenese, Form der Erzkörper, vertikale und horizontale Zonalität und Dispersionshöfe Auskunft.

Ausgehend von Angaben in der Literatur, insbesondere der sowjetischen, und eigenen Erfahrungen hat es sich als zweckmäßig erwiesen, entsprechend den genannten beiden Aspekten (Bildungsvorgang der Lagerstätte und Lagerstätte selbst) die für eine Prognose und Suche zu analysierenden geologischen, geochemischen und geophysikalischen Erscheinungen in Faktoren und Indikatoren zu untergliedern. Die Wirkungsweise der Faktoren und Indikatoren wurde vom Autor in der Vergangenheit (1966, 1968) bereits eingehend behandelt, so daß hier auf eine Charakterisierung verzichtet werden kann.

1. Das System metallogenetischer Faktoren und Indikatoren als Grundlage für die Prognose endogen-epigenetischer Zinnlagerstätten im Erzgebirge

Ein Teil der in den letzten Jahren im Erzgebirge durchgeführten metallogenetischen Arbeiten war darauf ausgerichtet, Grundlagen zu schaffen, um neue, noch nicht bekannte Zinnakkumulationen vorauszusagen bzw. die Perspektivität bekannter Zinnvorkommen oder -lagerstätten nach der Teufe einzuschätzen. Im Verlauf dieser Untersuchungen wurde für die spezifischen Verhältnisse endogen-epigenetischer Zinnlagerstätten das Faktoren-Indikatoren-System konzipiert (1966), verbessert (1968) und vollständig ausgearbeitet (TISCHENDORF, BOLDUAN u. a. 1969). Welche methodische Hilfe das System bei der Erarbeitung der Zinnprognose und als Grundlage für eine allgemeine metallogenetische Analyse darstellt, wurde von TISCHENDORF, LÄCHELT & RENTZSCH (1970) behandelt.

Es liegt im Wesen derartiger Verallgemeinerungen, daß in Abhängigkeit von der Gewinnung neuer Erkenntnisse die Einteilung des Systems und die Zuordnung bestimmter Parameter zu bestimmten Gruppen verändert werden müssen. So werden z. B. in Anbetracht einer logischen Zuordnung nach den Ergebnissen der zuletzt genannten Arbeit in der vorliegenden Variante die für die Kontrolle einer Intrusion und für die Anzeige metallogenetisch spezialisierter Granitoide zu zählenden Faktoren und Indikatoren (im Gegensatz zu 1968) aus der Gruppe der regional erzkontrollierenden Faktoren herausgenommen und gesondert betrachtet. Dies geschieht deshalb, weil durch die Granitfaktoren und -indikatoren eine Vererzung in strengem Sinn nicht kontrolliert wird. Daneben gehen die Granitfaktoren und -indikatoren allerdings als indirekte Indikatoren in die Gruppe der Erzindikatoren ein.

Die Aufnahme einer besonderen Gruppe „granitkontrollierende Faktoren und Indikatoren" neben den „erzkontrollierenden Faktoren und Erzindikatoren" wird in Anbetracht der nachgewiesenen engen genetischen bis paragenetischen Bindung endogener Zinnlagerstätten an Granitoide (z. B. TISCHENDORF 1969) für das Faktoren-Indikatoren-System dieses Lagerstättentyps unbedingt für zweckmäßig und notwendig gehalten, da hierdurch die Aussage über die Höffigkeit des zu betrachtenden Gebiets wesentlich, wenn auch nur extensiv, erweitert wird.

In den nachfolgenden Tabellen sind — ausgehend von den gegenwärtigen Kenntnissen — die für eine Bildung und Anzeige endogen-epigenetischer Zinnlagerstätten in der metallogenetischen Subzone der Fichtelgebirgs-Erzgebirgs-Antiklinale[1]) insbesondere kritischen metallogenetischen Faktoren und Indikatoren in Form einer systematischen Darstellung konkret aufgeführt. An der Erarbeitung der Daten waren beteiligt: H. BOLDUAN, Freiberg, und J. WASTERNACK, Berlin, — allgemeine Fragen; K.-P. DAHM und HEINZ LANGE, Freiberg, — Dispersionshöfe; G. HÖSEL, Freiberg — Tektonik und

Eingang des Manuskripts in der Redaktion: 29. 7. 1970.

[1]) Im Sinne von LORENZ & HOTH (1964) und TISCHENDORF, LÄCHELT & RENTZSCH (1969).

Strukturen; R. KÜHNE, Freiberg, — Metasomatose; HORST LANGE, Freiberg, — Granitindikatoren.

In dem vorliegenden System metallogenetischer Faktoren und Indikatoren sind Daten zum Zwecke der Höffigkeitseinschätzung einzelner Gebiete sowohl für die perspektivische als auch für die nichtperspektivische Ausbildung angegeben. Die Angabe beider Formen der Ausbildung erfolgte deshalb, um im konkreten Fall eine Entscheidung über die Höffigkeitsbewertung leichter herbeizuführen.

Die Bedeutung und das Gewicht der einzelnen Faktoren und Indikatoren für die konkrete Einschätzung der Höffigkeit in einem Gebiet ist unterschiedlich. So stehen natürlich die erzkontrollierenden Faktoren und Erzindikatoren in einem engeren Verhältnis zur Lagerstätte als die Granitfaktoren und Granitindikatoren, sind also auch für eine Höffigkeitseinschätzung gewichtiger. Ebenso haben z. B. in der Gruppe der Erzindikatoren die Parameter: Elementverteilung im Grundwasser, Elementverteilung im Gestein, Gehalt an Wertkomponenten im Erz sowie alter oder gegenwärtiger Zinnbergbau unterschiedliche Wertigkeit. Diese unterschiedliche Wertigkeit zahlenmäßig zu fassen, ist schwierig, muß aber für eine Höffigkeitsbewertung zukünftig versucht werden. Dabei ist zu beachten, daß die einzelnen Parameter z. T. miteinander in Beziehung stehen. Hohe Zinn- und Fluorgehalte im Granit ziehen z. B. sowohl hohe Lithium- und Rubidiumgehalte sowie niedrige Magnesium- und Titangehalte im Granit als auch hohe Zinn-Fluor-Gehalte und niedrige Magnesium-Titan-Gehalte im Dunkelglimmer gesetzmäßig nach sich. Unter Berücksichtigung dessen muß angestrebt werden, zur Höffigkeitsbewertung selbst nur jene Parameter heranzuziehen, die voneinander relativ unabhängig sind. Praktisch bedeutet dies, einzelne Parameter zu Gruppen zusammenzufassen.

Die teilweise Abhängigkeit der Parameter voneinander hat weiterhin zur Folge, daß nach Erkennung des Prinzips der Korrelationen nicht mehr alle oder möglichst viele Parameter untersucht werden müssen, sondern nur noch ausgewählte, und zwar solche, die die metallogenetische Spezialisierung am besten und kritischsten widerspiegeln. Daraus können natürlich erhebliche ökonomische Einsparungen resultieren.

Bei der Handhabung der Daten über die perspektivische und nichtperspektivische Ausbildung muß berücksichtigt werden, daß sie nicht nur eine Beziehung zu Zinnmineralisationen schlechthin widerspiegeln, sondern daß die betreffenden Erscheinungen (besonders die Erzindikatoren) eine bestimmte gesetzmäßige räumliche Verteilung und eine bestimmte gesetzmäßige zeitliche Aufeinanderfolge aufweisen und diese in genetischer Beziehung zu den Zinnmineralisationen gesehen werden müssen. So ist z. B. eine Reihe der direkten Erzindikatoren, d. h. der betreffende konkrete Grenzwert für die perspektivisch/nichtperspektivische Ausbildung natürlich z. B. von der Entfernung des Beobachtungsorts zur Lagerstätte, von der Art des Mediums zwischen Beobachtungsort und Lagerstätte u. a., abhängig. Diese zonalen und temporalen Beziehungen zwischen den Faktoren und Indikatoren einerseits zur Mineralisation andererseits sind in den Tabellen mangels Kenntnissen und wegen ihrer starken Abhängigkeit von der konkreten lokalen Situation nur andeutungsweise dargestellt. Diese Beziehungen sind jedoch als wesentlicher Ausdruck gesetzmäßiger Zusammenhänge bei einer Höffigkeitsbewertung jeweils entsprechend zu berücksichtigen.

Tabelle 1

Das System der metallogenetischen Faktoren und Indikatoren als Grundlage für die Prognose endogen-epigenetischer Zinnlagerstätten im Erzgebirge

A. Granitkontrollierende Faktoren und Granitindikatoren

A 1. Granitkontrollierende Faktoren

Strukturen zur Kontrolle der Intrusion metallogenetisch spezialisierter Granite

Substanz bzw. Struktur	perspektivische Ausbildung	nichtperspektivische Ausbildung
Geotektonische Position im Orogen	Lage im Grenzbereich (Randantiklinale) zwischen dem Zentralmassiv des varistischen Orogens (Böhmisches Massiv) und dem Nordstamm der varistischen Geosynklinale	z. B. Lage im Zentralmassiv, im Bereich einer Intrageoantiklinale (Kristallinzone der Mitteldeutschen Schwelle)
Prägranitische bzw. präexistente tektonische Elemente im Rahmengestein, wie parakristallines Flächengefüge, Lineargefüge, prägranitisches Kluftgefüge und prägranitische Störungen mit NW–SE-, NE–SW- und N–S-Streichen (letztere nur in E)	Existenz von Tiefenstörungen; Kreuzungsbereich solcher Strukturen bzw. von Tiefenstörungen und Strukturzonen niederer Ordnung; relativ geringer Abstand von zwei (parallelverlaufenden) Tiefenstörungen; Kreuzungsbereiche bevorzugt granitverteilend	Fehlen von Tiefenstörungen, relativ schmale Strukturzonen, großer Abstand der einzelnen Strukturzonen
Entstehung	palingen-anatektisch; ± eutektische Schmelze	migmatitisch; teilweise Aufschmelzung, Anatexite
Chemismus der palingenisierten und assimilierten Gesteine, z. T. erkennbar am Rahmengestein (noch nicht quantitativ untersucht)	(Tone, Tonschiefer und deren metamorphe Äquivalente, relativ angereichert mit Sn, F, Li, B u. a.)	(Grauwacken, Quarzite sowie weitere, geochemisch nicht spezialisierte Sedimente, Metamorphite und Magmatite)
Platznahme	intrusiv	± in situ
Altersstellung im Orogen	varistisch-postkinematische Intrusivkomplexe der Subsequenzperiode	prävaristische oder varistische, prä- bis synkinematische Intrusivkomplexe der Initial- bis Synorogenperiode

A 2. Granitindikatoren

Stoffliche Eigenheiten der Granite, die eine geochemische Spezialisierung anzeigen

Substanz bzw. Struktur	perspektivische Ausbildung	nichtperspektivische Ausbildung
Indirekte Indikatoren		
Gravimetrische Anomalien, im regionalen Maßstab und nur Granit, nicht geochemisch spezialisierten Granit, anzeigend; hängt ab von der Art und dem Grad des Dichteunterschiedes Granit: Rahmengestein	ausgeprägte Schwereminima, in Ausnahmefällen Schweremaxima	Schweremaxima bzw. Gebiete ohne oder mit sehr flachen Schwereanomalien
Verbreitung von Gesteinsgängen (Quarzporphyr, Aplit, Pegmatit, Lamprophyr) und Mineralgängen im Rahmengestein	Anwesenheit; Aplite zeigen Granit in Teufen < 150 m, Quarz-Molybdänit-(E) bzw. Turmalin-Trümer (M) in Teufen < 350 – 400 m an	Abwesenheit
Ausbildung eines Kontakthofes	Auftreten	Abwesenheit
Lithiumgehalt und -streuung	Li-Gehalte > $\bar{x} + 2s$ (bei großem s) im Rahmengestein zeigen Li-spezialisierten Granit, insbesondere Granitkuppen, in Teufen < 300 – 400 m an	Li-Gehalte bei $\bar{x} \pm s$ und kleinem s im Rahmengestein
Regelungsintensität von Mineralen (Quarz)	Entregelung	fehlende Entregelung
Direkte Indikatoren, gültig für:	varistisch-postkinematischer, jüngerer Intrusivkomplex der Subsequenzperiode; unterpermischer Intrusivkomplex nach HERRMANN; Erzgebirgsgranite nach LAUBE	varistisch-postkinematischer, älterer Intrusivkomplex der Subsequenzperiode; oberkarbonischer Intrusivkomplex nach HERRMANN; Gebirgsgranite nach LAUBE
Mineralogische Spezialisierung[1])		
Plagioklas, An-Gehalt der Intrusivphase (Mol-%)	10 – 15	20 – 30
Kalifeldspat, Mikroklingitterung	keine	fast stets auftretend
Quarz, Tendenz der Veränderung der Gehalte von den älteren zu den jüngeren Phasen des Intrusivkomplexes	abnehmend (ca. 40 – 33 Masse-%)	zunehmend (ca. 27 – 37 Masse-%)
Dunkelglimmer	Zinnwaldit, Protolithionit, Li-führender Siderophyllit, Li-führender Lepidomelan	Mg-Biotit, Fe-Biotit, Siderophyllit, Lepidomelan
Schwermineralassoziation	Topas – Fluorit – Turmalin; relativ angereichert mit Kassiterit, Monazit und Xenotim	Apatit – Zirkon – Turmalin – Opake (Magnetit-Pyrit); relativ verarmt an Kassiterit, Monazit und Xenotim
Verhältnis $\frac{\text{Topas + Fluorit}}{\text{Apatit + Zirkon}}$	> 1	< 1
Topasgehalt (g/t)	(> 20) 100 – 600	≪ 10
Zirkongehalt (g/t)	Sp – 70 (100)	(40) 100 – 900
Geochemische Spezialisierung		
Zinn (g/t)	20 – 50	5 – 18
Fluor (g/t)	2000 – 10000	150 – 1400
Lithium (g/t)	300 – 1200	50 – 300
Rubidium (g/t)	750 – 2200	180 – 750
MgO (Masse-%)	0,05 – 0,2	(0,2) 0,5 – 1,1
Titan (g/t)	100 – 700	700 – 3000
Barium (g/t)	50 – 250	100 – 1000
Strontium (g/t)	20 – 70	40 – 300
Zirkonium (g/t)	20 – 130	40 – 250
Vanadium (g/t)	1 – 3	10 – 60
Tendenz der Veränderung der Sn-F-Li-Gehalte von den älteren zu den jüngeren Phasen des Intrusivkomplexes (g/t)	starke Zunahme z. B. im W: Sn 27 – 37 – 32 F 3390 – 5590 – 7280 Li 366 – 435 – 491	konstant bzw. schwache Abnahme 14 – 16 – 10 840 – 650 – 390 110 – 101 – 73
Streuung der Spurenelemente Zinn, Fluor, Lithium im Granit	relativ groß	relativ gering
Gehalte im Dunkelglimmer		
Zinn (g/t)	200 – 600	50 – 350
Fluor (Masse-%)	2,0 – 6,2	0,5 – 1,8
Li_2O (Masse-%)	0,4 – 2,6	0,1 – 0,6
MgO (Masse-%)	0,8 – 3,2	3,2 – 10,0
TiO_2 (Masse-%)	0,5 – 2,0	2,0 – 4,5

Erläuterung: E = Osterzgebirge, M = Mittelerzgebirge, W = Westerzgebirge

[1]) z. T. nach G. HERRMANN 1967

B. Erzkontrollierende Faktoren und Erzindikatoren

B1. Regional erzkontrollierende Faktoren

Verlauf, Lage und Eigenheiten von geologischen Strukturen bzw. Gesteinen, die die Erzzuführung und regionale Erzverteilung bedingen

Substanz bzw. Struktur	perspektivische Ausbildung	nichtperspektivische Ausbildung
Regionale Position der Sn-F Li-spezialisierten Granite (Erzgebirgsgranite)	im Bereich der Aufstiegszone des granitischen Magmas; Bereich größter Mächtigkeit des Erzgebirgsplutons = Zinngürtel (Zone Eichigt – Markersbach)	Bereiche außerhalb (besonders nördlich) des Zinngürtels
Oberflächenmorphologie im mittleren und großen Maßstab sowie Intrusionsniveau der Sn-F-Li-spezialisierten Granite	Hochlagen, Granitrücken, -sporne, -kuppen, -stöcke, stark gegliederter Kontakt eines Teilplutondaches, Apikalintrusionen, Kleinintrusionen, subvulkanisches Intrusionsniveau	Depressionen, ungegliederter Kontakt eines Teilplutondaches, steile, ungegliederte Flanke eines Teilplutons, plutonisches Intrusionsniveau
Lage des Kontaktes der Sn-F-Li-spezialisierten Granite in bezug zur Erdoberfläche, Anschnittsniveau (z. T ökonomischer Parameter)	oberflächennah bis 200, maximal 500 m Tiefe, dachnahe Bereiche vollständig freigelegter Teilplutone	über 500 m Tiefe unter Erdoberfläche, Teilpluton tief angeschnitten
Prä- bis postgranitisch wirksame Strukturzonen (Tiefenstörungen und Störungen niederer Ordnung)	NE – SW streichende, erzführende Strukturen (evtl. N – S streichende) sowie Kreuzungsbereiche mit NW – SE-Strukturen, Auftreten von Kataklasitkörpern, Brekzienkörpern, Vulkanschloten	geringe bzw. zu extensive Bruchtektonik, führt evtl. zu extensiver Zinnmineralisation
Magmatische Gänge (Quarzporphyre, Lamprophyre), erzführende (Zinn- und nichtzinnführende) Gänge, Störungen, auch Pingen bzw Pingenreihen als Indikatoren erzkontrollierender Strukturen	Häufung, NE – SW-Streichen	Abwesenheit
Postkristallines *s*-Flächengefüge (s_T)	Konkordanz zwischen parakristallinem *s*-Flächengefüge und Granitmorphologie, wechselhafte Lithologie	Diskordanz zwischen parakristallinem *s*-Flächengefüge und Granitmorphologie, monotone Lithologie

B2. Lokal erzkontrollierende Faktoren

Verlauf, Lage und Eigenheiten von geologischen Strukturen bzw. Gesteinen, die die Erzkonzentrierung, Erzausfällung und lokale Erzverteilung bedingen

Substanz bzw. Struktur	perspektivische Ausbildung	nichtperspektivische Ausbildung
Gesteinskontakte	Häufung, insbesondere solcher Kontakte von Gesteinen, die auf Grund ihrer Lithologie und ihres Gefüges (Spaltenbildung) auf die Zinnausfällung äußerst unterschiedlich (lösend → ausfällend) wirken	Abwesenheit
Lithologie des Nebengesteins, insbesondere Wechsel der lithologischen Ausbildung		
Mineralbestand und Chemismus	metasomatosefreudige Gesteine, z. B. feldspatreiche, kalkreiche Gesteine, die leicht Alkalien und Erdalkalien abgeben, d. h. pH-erhöhend = zinnausfällend wirken, u. U. auch basische, wie Lamprophyre	metasomatoseabweisende Gesteine, z. B. quarzitische
Porosität (noch nicht quantitativ untersucht)	(hohe Nutzporosität)	(geringe Nutzporosität)
Kluftausbildung	gut klüftbare, harte Gesteine, wie Granit, Granitporphyr, Quarzporphyr, Gneis	schlecht klüftbare, z. T. milde Gesteine, wie Augengneis, Phyllit, Karbonatgesteine, Tonschiefer
Klüftung und Spaltenbildung	hoher Regelungsgrad der Klüftung und hohe Kluftintensität bei möglicher Gangbildung, geringer Regelungsgrad der Klüftung und hohe Kluftintensität bei möglicher Stockwerksbildung, Diskordanz zwischen parakristallinem *s*-Flächengefüge und Hauptspaltenrichtung der erzzuführenden, NE – SW streichenden Strukturen, NW – SE-Verlauf der b-Lineation im Rahmengestein	geringer Regelungsgrad der Klüftung und geringe Kluftintensität bei möglicher Gangbildung, hoher Regelungsgrad und geringe Kluftintensität bei möglicher Stockwerksbildung, Konkordanz zwischen *s*-Flächengefüge und Hauptspaltenrichtung der erzzuführenden Strukturen (horse-tail-Strukturen), NE – SW-Verlauf der b-Lineation im Rahmengestein

B3. Erzindikatoren

Verlauf, Lage und Eigenheiten von geologischen Strukturen, Gesteinen und Mineralisationen, die Erze anzeigen, die regionale Verteilung dieser Strukturen u. a., ihr Bildungsverlauf sowie ihre gegenseitige genetische Abhängigkeit

Substanz bzw. Struktur	perspektivische Ausbildung			nichtperspektivische Ausbildung		
Indirekte Indikatoren						
Auftreten von Granit	perspektivische Ausbildung nach Angaben in A1 und A2			nichtperspektivische Ausbildung nach Angabe in A1 und A2		
Direkte Indikatoren						
Elementverteilung im Grundwasser (sekundärer Dispersionshof)						
Zinn (in µg/l)	> 0,5			< 0,5		
Elementverteilung im Boden (sekundärer Dispersionshof)						
(anomale Gehalte in der Regel $> \bar{x} + 2s$ bzw. $> G \cdot s^2$)	*E*	*M*		*E*	*M*	
Zinn (g/t)	> 100	> 75		< 50	< 35	
Lithium (auch Granitindikator) (g/t)	> 75	> 120		< 30	< 80	
Wismut (g/t)	> 5	> 5		< 3	< 3	
Elementverteilung im Gestein (primärer Dispersionshof)						
(anomale Gehalte in der Regel $> \bar{x} + 2s (< \bar{x} - 2s)$ bzw. $> G \cdot s^2$)	*E*	*M*	*W*	*E*	*M*	*W*
Zinn (g/t)	> 100	> 75	> 100	< 50	< 35	< 50
Lithium (auch Granitindikator) (g/t)	> 180	> 180	< 150	< 120	< 120	> 200
Wismut (g/t)	> 5	> 5	> 5	< 3	< 3	< 3
Arsen (g/t)	–	> 240	–	–	< 150	–
Wolfram (g/t)	–	> 70	> 100	–	< 30	< 100
Elementverteilung in den Dunkelglimmer-Serizit-Phasen des Granits	*W*			*W*		
Lithium (in % Li_2O)	< 0,40			> 0,60		
Spätmagmatische Metasomatose (im mittleren Plutonstockwerk schwach ausgebildet und flächenhaft verbreitet, im Apikalstockwerk intensiv ausgebildet und z. T. tektonisch kontrolliert)						
Frühmikroklinisierung, -albitisierung und Silifizierung, z. T. mit Turmalinbildungen im Exo- und Endokontakt	bei räumlicher Koinzidenz mit postmagmatischer Vergreisung			ohne räumliche Koinzidenz mit postmagmatischer Vergreisung; entspricht Zone neben und unter dem Erz		
Frühvergreisung I	mit F-Zufuhr sowie Bildung von Kassiterit, Li-Glimmer bzw. Muskovit, Topas, ± Fluorit			ohne F-Zufuhr und Bildung von Kassiterit; Bildung von Muskovit, Cordierit, Granat, Andalusit, Apatit und Dumortierit		
Postmagmatische Metasomatose (in allen Plutonstockwerken tektonisch kontrolliert)						
Etappe I (enge räumliche Beziehungen zu Granitphasen zusätzlicher Intrusionen), oberes Metasomatosestockwerk, Substanz entstammt oberen Plutonteilen						
Vergreisung I	Lithiumglimmergreisen Innenzonen: Li-Glimmer-reiche obere Zone, Li-Glimmer-Topas- bis topasreiche mittlere Zone mit Kassiterit Außenzonen: mit Li-Glimmer, Topas, Muskovit-Serizit, Fluorit, Kassiterit und Sulfiden			Innenzonen: Wurzeln der perspektivischen Bereiche; Topas-Quarz- bis Quarz-Greisen, wenig oder kein Kassiterit Außenzonen: mit Muskovit-Serizit, ohne Kassiterit, Sulfidimprägnation, ohne Fluorit, oft mit Karbonaten		
Spätmikroklinisierung, -albitisierung I	wenn in räumlicher Beziehung zur Vergreisung I			neben nichtperspektivischer Vergreisung I		
Beresitisierung I	entsprechend Spätmikroklinisierung, -albitisierung I mit Fluoritneubildung neben Quarz-Sulfid-Trümern			entsprechend Spätmikroklinisierung, -albitisierung I mit Karbonatneubildung neben Quarz-Sulfid-Trümern		
Etappe II (während und nach der Intrusion von Ganggesteinen der zweiten Etappe), unteres und oberes Metasomatosestockwerk, Substanz entstammt unteren Plutonteilen						

Fortsetzung

Substanz bzw. Struktur	perspektivische Ausbildung	nichtperspektivische Ausbildung
Vergreisung II	Muskovitgreisen	
	Innenzonen: Muskovitreiche obere und muskovit-topas- bis topasreiche mittlere Zone mit Kassiterit	Innenzonen: Wurzeln der perspektivischen Bereiche; Topas-Quarz- bis Quarz-Greisen und wenig oder kein Kassiterit
	Außenzonen: mit Muskovit-Serizit, Topas, Fluorit, Kassiterit und Sulfiden	Außenzonen: Muskovit-Serizit, Topas, kein Fluorit; dafür Karbonate, ohne Kassiterit; Sulfidimprägnation
Spätalbitisierung, -mikroklinisierung II	wenn in räumlicher Beziehung, zu Vergreisung II bzw. zu Beresitisierung II	neben nichtperspektivischer Vergreisung II bzw. ohne Beziehung zur Vergreisung II und Beresitisierung II
Beresitisierung II, Chloritisierung	bei vorhandener vertikaler Zonalität mit Vergreisung II und Spätalbitisierung, -mikroklinisierung II (= Zone über dem Erz)	bei fehlender Zonalität mit Vergreisung II und Spätalbitisierung, -mikroklinisierung II
Typ der Zinnmineralisation	Quarz-Muskovit-Serizit-Chlorit-Sulfid-Assoziation	Quarz-Muskovit-Serizit-Sulfid-Assoziation
	Quarz-Topas-Typ der Quarzgruppe; Turmalin-, Chlorit-Sulfid- sowie Amphibol-(Skarn-)Typ der Silikat-Sulfid-Gruppe	Quarztyp der Quarzgruppe; Sulfidgruppe
Gehalt an Wertkomponenten im Erz (z. T. ökonomischer Parameter; hängt ab von der Erzmenge, den Gehalten ebenfalls gewinnbarer Begleitkomponenten, Lage, Aufbereitbarkeit u. a.)		
Zinn (in %)	> 0,10	< 0,10
Wolfram (in %)	> 0,10	< 0,10
Molybdän (in %)	> 0,05	< 0,05
Kupfer (in %)	> 0,5	< 0,5
Alter und gegenwärtiger Zinnbergbau (Indikation in Abhängigkeit von der geologisch-tektonischen Position, dem Lagerstättentyp, der abgebauten und noch vorhandenen Roherzmenge, dem Zinngehalt, dem Aufbereitungsausbringen, dem insgesamt ausgebrachten und vermutlich noch auszubringendem Metall u. a.; z. T. ökonomischer Parameter)	Anwesenheit	–

Die in die Tabellen aufgenommenen Daten gelten konkret für die metallogenetische Einheit der Fichtelgebirgs-Erzgebirgs-Antiklinale. Es kann abgeschätzt werden, daß eine Reihe der angeführten Faktoren und Indikatoren jedoch auch für andere metallogenetisch äquivalent aufgebaute geologische Einheiten sowohl innerhalb als auch außerhalb des varistischen Orogens, zumindest qualitativ, gelten wird.

2. Versuch der Ableitung eines allgemeinen Wirkprinzips in der Metallogenie

Die Ausarbeitung eines Systems metallogenetischer Faktoren und Indikatoren für einen konkreten Lagerstättentyp wirft die Frage auf, ob für die Aufstellung eines stärker abstrahierenden, für mehrere Lagerstättentypen zutreffenden Systems oder auch für die metallogenetische Methodik schlechthin verallgemeinernde Schlußfolgerungen gezogen werden können.

Im Ergebnis der Analyse der Bildungsbedingungen endogen-epigenetischer Zinnlagerstätten und in Verbindung mit den Kenntnissen über die Bildungsbedingungen anderer endogener, exogener und metamorphogener Lagerstätten lassen sich ad hoc eine Reihe von geologischen Prozessen bzw. Ergebnisse von Prozessen angeben, die unterteilt werden können in solche, die metallogenetisch offenbar günstig, und solche, die ungünstig sind. Unter metallogenetisch günstigen Prozessen sollen jene, in weiterem Sinn geologischen Vorgänge verstanden werden, die eine Akkumulierung von Elementen oder Mineralen (als notwendige Voraussetzung einer möglichen Nutzung) begünstigen. Eine Reihe von Produkten derartiger geologischer Prozesse, die eine günstige und die eine ungünstige metallogenetische Entwicklung anzeigen, ist in Tab. 2 zusammengestellt.

Aus dieser Aufstellung kann verallgemeinernd gefolgert werden, daß der komplizierte Aufbau von Gesteinskomplexen und die intensive, oft postume bruch- bzw. spaltentektonische Beanspruchung als Ausdruck diskontinuierlicher geologischer Entwicklungen offenbar zu solchen stofflich-tektonischen Variationen führen, die sowohl generelle Voraussetzungen als auch allgemeine Indikationen für metallogenetisch günstige Prozesse darstellen.

Das Ingangsetzen und Beenden metallogenetischer Prozesse ist in der Regel mit Änderungen des Regimes geologischer bzw. lagerstättenbildender Prozesse

Tab. 2. Produkte und Erscheinungen geologischer Prozesse, die eine in der Regel günstige oder ungünstige metallogenetische Entwicklung darstellen bzw. anzeigen

Bereich	Metallogenetische Entwicklung	
	in der Regel günstig	in der Regel ungünstig
Geologischer Bereich		
Magmatogener Komplex	heterogener Aufbau, vielphasig, große Variation im Chemismus und Gefüge (hochdifferenziert) in Abhängigkeit von der Altersstellung der einzelnen Phasen und innerhalb einer Phase in Beziehung zum Kontakt	homogener (monotoner) Aufbau, einphasig, geringe Variation im Chemismus und Gefüge
Sedimentogener Komplex[1])	Wechsellagerungen; starke lithologisch-faziell-formationelle Änderungen in vertikaler und lateraler Richtung; Einschaltung magmatischer Serien	monotone Serien ohne oder mit geringen lithologisch-faziell-formationellen Änderungen
Bruch- und Spaltentektonik	Auftreten von Lineamenten, Tiefenbrüchen, Bruchzonen, Störungen, Kreuzungsbereichen derselben; Bereiche intensiver Klüftung; große Variation der Streich- und Fallrichtungswerte	Fehlen von bruch- und spaltentektonischen Elementen
Geochemisch-geophysikalischer Bereich		
Geochemisches und geophysikalisches Feld	positive oder negative Anomalien, steile Gradienten	anomalienfreie Verteilung, flache Gradienten
Mineral-, Element- und Isotopenverteilung	mehrgipflige, nichtsymmetrische Verteilung; Auftreten von Mammutwerten; große Streuung bzw. Dispersion	normale oder lognormale, eingipflige (symmetrische) Verteilung, geringe Streuung bzw. Dispersion

[1]) Die Bewertung einer günstigen oder ungünstigen Entwicklung im sedimentogenen Komplex hängt u. a. natürlich vom Maßstab der Betrachtung ab. So können bestimmte „monotone" Serien durchaus metallogenetisch günstig entwickelt sein, z. B. Eisenoolith- und Eisenquarzitvorkommen, kupferführende Sandsteine. Hier muß die für eine günstige metallogenetische Entwicklung postulierte Notwendigkeit eines Regimewechsels über größere Räume und zeitlich länger andauernde Etappen gesehen werden.

verbunden. Zu den wesentlichsten die Löslichkeit der Elemente bzw. Elementkomplexe bedingenden Änderungen zählen z. B. solche des Redox-, des pH-, des Druck-, des Konzentrations- und des Temperaturregimes. Auf einige derartige Regimeänderungen als notwendige Voraussetzung zur Bildung sedimentärer Lagerstätten hatte kürzlich KAUTZSCH (1967) aufmerksam gemacht. Je nach den Eigenheiten der zu betrachtenden Elemente und der mineralisierenden Lösungen treten in Abhängigkeit von den physikochemischen Bedingungen entsprechende Lösungs-, Migrations- oder Konzentrationsvorgänge auf. Da die stofflichen und physikalischen Bedingungen mineralisierender Lösungen im Stadium ihres Entstehens wohl von den stofflichen und physikalischen Bedingungen ihres Bildungsraums abhängen und sodann aber wesentlich von den stofflichen und physikalischen Bedingungen des Migrations- und Konzentrationsraumes beeinflußt werden, wird die Lagerstättenbildung bei epigenetischen Prozessen in hohem Maße von den lithologisch-tektonischen Eigenheiten der Gesteinskomplexe, in denen die Lösungen zirkulieren, kontrolliert, die Lagerstättenbildung bei syngenetischen Prozessen vom Milieu des Sedimentationsraums.

Somit zeigt sich, daß regional wirkende und zeitlich andauernde geologische Prozesse offenbar dann metallogenetisch günstig verlaufen und eine Erz- oder Elementanreicherung fördern, wenn

a) Änderungen im geologisch-tektonischen Regime (Eh, pH, p, t, c) auftreten,

b) die Geschwindigkeit der Änderungen und die Intensität der damit verbundenen Vorgänge relativ groß sind und

c) sich Änderungen in der Prozeßrichtung (Postumität, Rejuvenation, polystadiale Entwicklung) häufen.

Aus dem Dargelegten kann als allgemeines Wirkprinzip in der Metallogenie abgeleitet werden, *daß metallogenetisch in der Regel günstige Entwicklungen generell dort zu erwarten sind, wo durch relativ plötzliche und relativ häufige Änderungen des geologisch-tektonischen Regimes die Voraussetzungen für ein Inlösunggehen, Migrieren und Konzentrieren von Elementen am ehesten gegeben waren.*

Dieses Prinzip gilt sowohl für epigenetische als auch für syngenetische Vorgänge. Der wesentlichste Unterschied beider Vorgänge kann darin gesehen werden, daß die mineralisierenden epigenetischen Lösungen von der Art (Chemismus) und dem Zustand (Gefüge), d. h. von der Lithologie präexistenter Gesteinskomplexe, beeinflußt und damit kontrolliert werden, die mineralisierenden syngenetischen Lösungen aber vom physikochemischen Milieu des Sedimentationsraums.

Zusammenfassung

Im vorliegenden Artikel wird das System der metallogenetischen Faktoren und Indikatoren als Grundlage für die Prognose endogen-epigenetischer Zinnlagerstätten im Erzgebirge behandelt. Dabei werden sowohl für die perspektivische als auch für die nichtperspektivische Ausbildung die konkreten geologischen, tektonischen, mineralogischen und geochemischen Parameter angegeben.

Ausgehend von diesen Ergebnissen wird der Versuch der Ableitung eines allgemeinen Wirkungsprinzips in der Metallogenie unternommen. Dies kann wie folgt formuliert werden: Metallogenetisch in der Regel günstige Entwicklungen sind generell dort zu erwarten, wo durch relativ plötzliche und relativ häufige Änderungen des geologisch-tektonisch-geochemischen Regimes die Voraussetzungen für ein Inlösunggehen, Migrieren und Konzentrieren von Elementen am ehesten gegeben waren.

Резюме

В данной статье обсуждается система металлогенических факторов и индикаторов, как основа для прогноза эндогенно-эпигенетических месторождений олова в Рудных горах. При этом указываются конкретные геологические, тектонические, минералогические и геохимические параметры как для преспективного, так и для неперспективного развития.

Исходя из результатов, предпринимается попытка вывода всеобщего принципа действия в металлогении. Это может быть сформулировано следующим образом: как правило, металлогенические благоприятные развития можно ожидать вообще там, где из-за относительно внезапных и относительно частых изменений геолого-тектонически-геохимического режима, прежде всего, возникали предпосылки для растворения, миграции и концентрирования элементов.

Summary

The present article deals with the system of metallogenetic factors and indicators as a basis for prognosticating endogenic-epigenetic tin deposits in the Erzgebirge, with concrete geological, tectonic, mineralogical and geochemical parameters given for both the perspective and non-perspective development.

Based on these results an attempt is made to derive a universal principle of action being effective in metallogeny. This may be formulated as follows: as a rule, metallogenetically favourable developments may generally be expected where the conditions of dissolving, migrating and concentrating elements are given at the earliest by relatively sudden and relatively frequent changes of the geological-tectonic-geochemical regime.

Literatur

KAUTZSCH, E.: Zu Fragen der Beeinflussung gegensätzlicher Milieuverhältnisse bei den primären Bildungsvorgängen sedimentärer Lagerstätten. — Z. angew. Geol., **13**, 481—484, Berlin 1967.

LORENZ, W., & K. HOTH: Die lithostratigraphische Gliederung des kristallinen Vorsilurs in der Fichtelgebirgisch-Erzgebirgischen Antiklinalzone. — Geologie, Bh. **44**, Berlin 1964.

TISCHENDORF, G.: Zur Zinnprognose im Erzgebirge mit Bemerkungen zu allgemeinen Metallogenie- und Prognoseproblemen. — Z. angew. Geol., **12**, 338—344, 402—409, Berlin 1966.

— Das System der metallogenetischen Faktoren und Indikatoren bei der Prognose und Suche endogener Zinnlagerstätten. — Z. angew. Geol., **14**, 393—405, Berlin 1968.

— Über die kausalen Beziehungen zwischen Granitoiden und endogenen Zinnlagerstätten Fakten und Modellvorstellung. — Z. angew. Geol., **15**, 333—342, Berlin 1969.

TISCHENDORF, G., H. BOLDUAN und Kollektiv: Zur Metallogenie des Zinns im Erzgebirge. — Unveröff. Ber., VEB Geologische Forschung und Erkundung, Halle 1969.

TISCHENDORF, G., S. LÄCHELT & J. RENTZSCH: Zu Problemen der Metallogenie in der Deutschen Demokratischen Republik. — I. Z. angew. Geol., **15**, 455—472, Berlin 1969; II. Z. angew. Geol., **16**, 242—248, Berlin 1970.

Weitere Literatur, vor allem zum Faktoren-Indikatoren-System, bei TISCHENDORF (1966, 1968).

Die Effektivität geologischer Erkundungsarbeiten auf Erdgas und die Abbauvorbereitung tieflagernder Gaskondensatlager im Gebiet Krasnodar

E. M. Us, UdSSR

Auf der Lagerstätte Sowjetskoje betrug bei einer Breite des Lagers von 0,5—0,9 km der Abstand zwischen den auf Profilen angeordneten Bohrungen 0,4 bis 1,2 km. Von 15 auf der Lagerstätte niedergebrachten Bohrungen waren 3 produktiv, 3 erwiesen sich als Kontaktsonden und 9 Bohrungen waren unproduktiv.

Im Zusammenhang damit ist es notwendig, prinzipiell neue, ökonomische Methoden der Erkundung, insbesondere für kleine Gaslagerstätten und deren Vorbereitung auf den Abbau zu erarbeiten und schnell in die Praxis der geologischen Erdgaserkundung einzuführen.

In den letzten Jahren wurde in der Sowjetunion und insbesondere im Gebiet von Krasnodar damit begonnen, eine neue, progressivere Methode der Erkundung und Abbauvorbereitung von Gas- und Gaskondensatlagerstätten anzuwenden, bei der Such- und Erkundungsbohrungen und die Produktionsbohrungen nach vorläufigen technologischen Schemata gleichzeitig niedergebracht werden.

Nach dieser Methode wird eine solche Durchführung der Arbeiten vorgeschlagen, die die Ziele der Erkundung und des Abbaus von Lagerstätten vereinigt, d. h., die Fragen zur Bewertung der Gasvorräte und Ermittlung der Ausgangswerte für die Abbauprojektierung werden komplex gelöst. Nach erfolgtem Nachweis der Lagerstätte würde der Ansatz von Erkundungsbohrungen nach einem Fördersondennetz es gestatten, die Fündigkeitsquote bei der Erkundung wesentlich zu steigern, die Effektivität zu erhöhen, das Niederbringen unproduktiver Bohrungen praktisch auszuschließen, die Dauer für Erkundung und Vorbereitung von Lagerstätten zum Abbau bedeutend zu verkürzen, den Lagerstättenabbau durch einen qualitativ einwandfreien Sondenfonds zu gewährleisten sowie die Kosten der Arbeiten bedeutend zu senken.

Als hinreichend überzeugendes Beispiel dafür kann die Abbauvorbereitung der Mitrofanowkajer und der Sokolowskojer Gaskondensatlagerstätten im Gebiet von Krasnodar dienen. Diese beiden Gaskondensatlagerstätten wurden Ende 1965 in Teufen von 3700 m mit Vorräten von 5—7 Mrd. m³ aufgeschlossen. Nach dem Erhalt von industriellen Gaszuflüssen aus den ersten Erkundungsbohrungen und der Feststellung, daß die Lagerstätten keinen Ölsaum aufweisen, wurde ein vorläufiges technologisches Schema für eine industrielle

Aus: „Geologija nefti i gasa", H. 10, S. 44—47, Moskau 1969 (gekürzt). Übers.: K.-H. BINTIG, ZGI, Berlin.

Versuchsförderung aufgestellt und mit dem Abteufen von Produktionsbohrungen bei gleichzeitiger Installation des Felds begonnen.

Damit wurde es praktisch möglich, die beiden Gaskondensatlagerstätten im Verlauf von zwei Jahren ohne Vorratsberechnung und deren Bestätigung durch die GKS vorzubereiten und nach vorläufigen technologischen Schemata für eine industrielle Versuchsförderung in Abbau zu nehmen.

Gegenwärtig beendet werden die Vorbereitungsarbeiten für die Überführung der Dwubratskojer und der Ladoshskojer Gaskondensatlagerstätten in eine industrielle Versuchsförderung nach vorläufigen technologischen Schemata. Die Lagerstätten liegen in Teufen von 3300—3350 m und wurden im Jahr 1966 aufgeschlossen. Im Mai 1967 wurde beim Test der ersten Erkundungsbohrung Nr. 1 auf der Kawkasker Fläche in einer Teufe von 3800 m eine Gaskondensatlagerstätte aufgeschlossen. Ende 1968 wurde das technologische Schema der industriellen Versuchsförderung fertiggestellt. Im Verlauf des Jahres 1969 wurde das Feld installiert und die Lagerstätte in den Abbau übergeführt. Auf diese Weise konnten durch die gleichzeitige Verbindung der Aufgaben der Erkundung und des Abbaus nachweisbar die Zeiten für die Abbauvorbereitung von Gas- und Gaskondensatlagern in Teufen von 3500—4000 m auf die Hälfte bis ein Drittel verkürzt werden.

Bei der Erkundung kompliziert gebauter Strukturen mit einzelnen tektonisch oder stratigraphisch isolierten Teilen, insbesondere in großen Teufen, wird möglicherweise ein etwas größerer Umfang an Such- und Erkundungsbohrungen für die Abbauvorbereitung von Gas- und Gaskondensatlagerstätten notwendig. Doch auch in diesen Fällen verringert die Festlegung der Erkundungsbohrungen unter Berücksichtigung der zukünftigen Anordnung der Produktionsbohrungen in bedeutendem Maße die Anzahl überflüssiger Bohrungen. Ferner werden die Ansatzpunkte der Bohrungen besser begründet werden können.

Die Freisetzung eines bedeutenden Umfangs von Erkundungsbohrmetern durch das Niederbringen von Produktionsbohrungen mit Bewertungscharakter gestattet eine Erhöhung des spezifischen Anteils der Stütz- und Suchbohrungen am Gesamtumfang der Such- und Erkundungsarbeiten und schafft die Möglichkeit, bedeutend größere Territorien in die Erkundung einzubeziehen, die Suche zu beschleunigen und die Wahrscheinlichkeit für den Aufschluß neuer Gas- und Gaskondensatlagerstätten zu erhöhen, ohne dabei den Gesamtumfang an Erkundungsbohrmetern[1]) zu verändern.

Die Veränderung der Methodik der Such- und Erkundungsarbeiten muß ohne Zweifel auch mit wesentlichen Veränderungen in der Methodik der Kernentnahme aus dem von der Bohrung aufgeschlossenen Profil des produktiven Horizonts verbunden sein. Da die erste Erkundungsbohrung auf einer Struktur mit offensichtlich unbekannter Produktivität niedergebracht wird, in der die Existenz und die Lage eines produktiven Horizonts nur angenommen werden können, sollte im Interesse einer beschleunigten Niederbringung und Klärung der Produktivität des Profils in dieser Bohrung die Kernentnahme nur zur Klärung der stratigraphischen Profilcharakteristik dienen, und im übrigen sollte man sich auf bohrlochgeophysikalische Methoden der Profiluntersuchung beschränken.

Die folgenden Bohrungen — zur Erfüllung der Erkundungs- und Produktionsaufgaben — müssen entsprechend dem Fördernetz auf der nachgewiesenen produktiven Fläche in Richtung vom Lagerzentrum zu seinem Rand hin angesetzt werden. Aus der Gesamtzahl dieser Bohrungen wird die optimale Anzahl jener Bohrungen bestimmt, in denen eine durchgehende konzentrierte Kernentnahme zur Untersuchung der lithologisch-physikalischen Charakteristik des produktiven Horizonts erfolgt.

Die Erfahrung des Niederbringens solcher Bohrungen im Gebiet von Krasnodar zeigte, daß aus zwei bis drei Bewertungsbohrungen bedeutend mehr Informationen über die lithologisch-physikalischen Eigenschaften der Schicht erhalten werden können als aus 10—15 Erkundungsbohrungen (Krawtschuk 1966).

Bei der Überführung von Gas- und Gaskondensatlagerstätten in eine industrielle Versuchsförderung müssen auch die Untersuchungsarbeiten in den Bohrungen bedeutend verbessert werden.

Leider werden bis heute die Untersuchungsarbeiten in Erkundungsbohrungen, insbesondere in tiefen, nur in ungenügendem Umfang und häufig auch mit geringer Qualität durchgeführt. Tiefenmessungen der Schichtdrücke werden praktisch nicht vorgenommen. Diese werden auf rechnerischem Wege bestimmt. Bei einem hohen Kondensatanteil im Erdgas oder bei Erhalt eines Gaszuflusses gleichzeitig mit gewissen Mengen an Schichtwässern kann sich eine solche Bestimmung als eine nur grobe Orientierung erweisen.

Die Untersuchung des Kondensatanteils im Erdgas wird nur in ungenügendem Umfang vorgenommen.

Es muß berücksichtigt werden, daß die Qualität und der Erfolg der industriellen Versuchsförderung auf Gas- und Gaskondensatlagerstätten, deren Hauptzweck in der Vorratsberechnung und im Erhalt der Ausgangswerte für die Projektierung besteht, sehr stark von der Zuverlässigkeit und Vollständigkeit der Informationen abhängen, die im Verlauf der Such- und Erkundungsarbeiten gewonnen werden.

Die Vervollkommnung der Methodik der Erkundung und Abbauvorbereitung tieflagernder Gaskondensat- und Gaslager durch Produktionsbohrungen mit Bewertungscharakter bei gleichzeitiger Lösung der Erkundungs- und Gewinnungsaufgaben wird zu einer Erhöhung des Zuwachses an Erdgasvorräten und zu einer effektiveren Durchführung der geologischen Erkundungsarbeiten beitragen. Sie wird darüber hinaus gestatten, die Zeiten für die Überführung der Lagerstätten in den Abbau wesentlich zu verkürzen, um damit das weitere Wachstum der Gasförderung im Gebiet von Krasnodar zu gewährleisten.

[1]) Erkundung hier als Sammelbegriff (die Redaktion).

Theoretische Grundlagen der Suche und Erkundung fester mineralischer Rohstoffe. Bd. I: Die Suche[1]

Für die Suche und Erkundung von Lagerstätten mineralischer Rohstoffe werden in der Welt etwa 80–90% aller für geologisch-geophysikalische Arbeiten verausgabten Mittel verbraucht. Mit der Erschöpfung des Fonds leicht entdeck- und erkundbarer, d. h. vor allem oberflächennaher, Lagerstätten wird die Lösung dieser volkswirtschaftlich außerordentlich wichtigen Aufgabe überall schwieriger, komplizierter und auch teurer. Daher wird seit vielen Jahren in den fortgeschrittensten Ländern intensiv daran gearbeitet, durch forcierte Einbeziehung der Produktivkraft Wissenschaft die Suche und Erkundung ökonomischer und vor allem effektiver zu machen.

Das setzte voraus, daß die Suche und Erkundung von Lagerstätten aus der Kunst (kommt von Können) einzelner Koryphäen zu einer allen zugänglichen Wissenschaft durch theoretische Verarbeitung der akkumulierten Erfahrung und Nutzung der geowissenschaftlichen Erkenntnisse anderer Disziplinen gemacht wurde, daß diese neue Wissenschaft lehr- und erlernbar wurde.

Die Lehre von der Suche und Erkundung von Lagerstätten natürlicher mineralischer Rohstoffe wurde zum Herzstück der umfassenderen ökonomischen Geologie, die sich in den letzten Jahrzehnten nicht nur zu einer selbständigen geowissenschaftlichen Disziplin entwickelt, sondern auch international durchgesetzt hat.

Die sowjetischen Geologen haben zu dieser Entwicklung außerordentlich viel beigetragen, ganz besonders große Verdienste hat der Nestor der sowjetischen Erkundungsgeologen, W. M. Krejter, der auch das vorliegende Buch redigiert hat. Für uns ist es doppelt interessant wegen der zu einzelnen Problemen vertretenen konkreten wissenschaftlichen Position und zweitens als allgemeine theoretische Grundlage für die Erkundungswissenschaft.

Den Lesern unserer Zeitschrift ist sicher noch die Diskussion im Gedächtnis, die Mitte der 60er Jahre auf den Seiten der „Zeitschrift für angewandte Geologie" geführt wurde. Damals ging es nicht nur um den Nachweis, daß die geologische Erkundungswissenschaft eine selbständige geologische Disziplin ist, und nicht nur um die Herausarbeitung aller wesentlichen Schlußfolgerungen, die sich aus diesem Tatbestand für unsere praktische Arbeit, die Ausbildung der geologischen Kader usw., ergaben. Damals ging es auch um die richtige Bestimmung des Gegenstandes dieser Wissenschaft, wobei von uns die Auffassungen Krejters kritisiert und abweichende Standpunkte dargelegt wurden.

Da die Autoren des vorliegenden Buches an der damals kritisierten Auffassung W. M. Krejters festhalten und sich aus dieser Position zwangsläufig spezifische Vorstellungen über die theoretischen Grundlagen der Suche und Erkundung ergaben, ist es für die Beurteilung des Buches wichtig, die sich gegenüberstehenden Standpunkte zunächst kurz zu resümieren.

* * *

Krejter hatte sich seit 1940 wiederholt für die Abgrenzung der „Lehre vom Aufsuchen und Erkunden von Lagerstätten mineralischer Rohstoffe" von der Nachbardisziplin „Lagerstättenkunde" eingesetzt. Beide befassen sich zwar mit den gleichen natürlichen Objekten — den Lagerstätten, doch die Lagerstättenkunde (besser -lehre) untersucht vor allem ihren physikalisch-chemischen Aspekt und ihre Genese, während sich die Erkundungswissenschaft nach Krejter mit ihrem „effektiven Nachweis und der industriellen Einschätzung" beschäftigt. Die Suche hat die Aufgabe, aus der Fülle natürlicher Mineralkonzentrationen jene herauszufinden, die den Charakter von Lagerstätten haben, d. h. gegenwärtig oder in absehbarer Zukunft die Volkswirtschaft mit natürlichen Rohstoffvorräten versorgen können. (Die Erkundung untersucht diese entdeckten Lagerstätten.) Wenn bis hierhin Krejter noch zugestimmt werden konnte, so mußte seine Definition des Gegenstandes der Erkundungswissenschaft — die „industriellen Lagerstättentypen" im Unterschied zu den „genetischen Lagerstättentypen" der Lagerstättenlehre — unseren Widerspruch hervorrufen.

Selbstverständlich richtete sich unser Einspruch nicht gegen die richtige Forderung, die Suche und Erkundung auf industriell nutzbare Lagerstätten zu orientieren; damals polemisierten wir auch nicht mit der von Krejter gegebenen Definition für „industrielle Lagerstättentypen", die er in seinem klassischen Werk („Suche und Erkundung von Lagerstätten nutzbarer Bodenschätze", 1960) gegeben hatte:

> „... solche Lagerstättentypen, die nicht weniger als 1% der Weltförderung dieses oder jenes natürlichen Rohstoffes liefern; praktisch erhöht sich diese Ziffer gewöhnlich bis auf 2–3%".

Wir kritisierten auch weder den pragmatischen Charakter dieser Definition noch ihre Unvollkommenheit und zu weit getriebene Abstraktion. Wir wandten uns damals lediglich gegen die unrichtige Bestimmung des Wissenschaftsgegenstandes der Erkundungswissenschaft, gegen die von ihm zugelassene gedankliche Verwechslung von Wissenschaftsgegenstand und Arbeits- oder Bearbeitungsgegenstand.

Denn Krejters unrichtige Bestimmung des Wissenschaftsgegenstandes der Erkundungswissenschaft widersprach nicht nur seiner richtigen Charakteristik dieser neuen Wissenschaft als „Lehre vom Aufsuchen und Erkunden", sie widersprach gleichermaßen der ebenfalls von Krejter gegebenen Definition des Zieles der Erkundungswissenschaft: „die theoretische Begründung und die kontinuierliche Vervollkommnung der Grundsätze, Methoden und Mittel für die wirksame Durchführung der Such- und Erkundungsarbeiten".

Daher wurde von uns damals (s. Stammberger 1965) als Gegenstand der Erkundungswissenschaft nicht der „industrielle Lagerstättentyp", sondern der Such- und Erkundungsprozeß selbst bezeichnet. Denn nur für diesen Gegenstand trafen auch jene Aufgaben zu, die Krejter seinerzeit der Erkundungswissenschaft stellte:

> „Dazu gehört auch die Untersuchung der geologischen Begründung angewandter Methoden, das Studium der Verfahren zur Ermittlung der Formen und Lagerungsverhältnisse der Erzkörper, die Bemusterungsarten und die Vorratsberechnung, ferner die industrielle Einschätzung der Lagerstätten und Elemente der Grubengeologie (Montangeologie)." (1962)

Wenn von dieser Korrektur der Krejterschen Auffassungen ausgegangen wird, ergibt sich ein völlig eindeutiges Verhältnis der Erkundungswissenschaft zur Lagerstättenlehre und anderen geologischen Disziplinen: Sie sind für diese Grundlagenwissenschaften, deren Ergebnisse und Erkenntnisse für die Suche und Erkundung genutzt werden müssen.

Als theoretische Grundlagen können sie bestenfalls als allgemeine Grundlagen, jedoch nicht als spezielle theoretische Grundlagen der Suche und Erkundung bezeichnet werden. Als solche müssen jene Grundlagen angesehen werden, die es der Suche und Erkundung gestatten, ihre Aufgaben nicht tastend, empirisch zu lösen, sondern auf festen gesicherten theoretischen Grundlagen.

* * *

Wenn wir uns — dem Inhalt des vorliegenden Bandes entsprechend — auf die Suche beschränken (die theoretischen

[1] Kollektivarbeit unter Redaktion von W. M. Krejter. Verlag „Nedra", Moskau 1968. 430 S., 64 Abb., 40 Tab., Leinen, 2,69 Rubel.

Grundlagen der Erkundung unterscheiden sich etwas von denen der Suche), so steht bekanntlich in der Praxis vor der Suche stets die Aufgabe, die Fragen zu beantworten: was suchen (welchen industriellen Lagerstättentyp), wo suchen (auf Grund welcher Kriterien und Indikatoren) und wie suchen (mit welchen Methoden und Verfahren)? Die theoretischen Grundlagen der Suche müssen offenbar diese Fragen wissenschaftlich begründet beantworten.

Im Vorwort des zu rezensierenden Buches wird gesagt: In den bisherigen Veröffentlichungen wurden gewöhnlich lediglich Antworten auf die Frage gegeben, wie die Sucharbeiten durchgeführt werden sollen. Gegenwärtig gestatten es die vielseitigen geologischen Erkenntnisse, nach Meinung der Verfasser, zu begründen, warum die Suche in eine bestimmte Richtung gelenkt werden muß. Für diese Antwort sollen nach der Absicht der Verfasser im vorliegenden Buch die theoretischen Grundlagen dargelegt werden. Die Autoren stellen sich somit eine etwas abgewandelte Aufgabe, verglichen mit dem, was wir — in Übereinstimmung mit KREJTER (1960) — als Aufgabe formulierten.

Bevor auf die konkreten Darlegungen der Autoren eingegangen wird, muß geklärt werden, ob diese Modifizierung als Aufgabe begründet ist.

„In welcher Richtung" ist natürlich nicht identisch mit „wo". Die Autoren heben mit Recht im Anschluß an ihre modifizierte Frage die Tatsache hervor, daß „gegenwärtig das Moment der wissenschaftlichen Prognose bei der Suche und Erkundung wesentlich vergrößert werden kann". Tatsächlich sind die von den Autoren dargelegten theoretischen Grundlagen in erster Linie für die Lagerstättenprognose nutzbar. Doch die Prognose ist nicht mit der Suche identisch. Sie ist lediglich eine wichtige Vorbereitungsetappe der Suche, wobei praktisch eine Vorauswahl höffiger Gebiete aus dem Gesamtareal erfolgt. Diese Vorauswahl schränkt zwar das Suchgebiet ein, ersetzt jedoch nicht die Suche, weil deren unmittelbare Aufgabe (in diesem prognostisch bestimmten Gebiet), die Lagerstätten zu suchen und zu entdecken, weiterbesteht.

Analog kann die Erkennung der Gesetzmäßigkeiten in der Verteilung der Lagerstätten — eine eindeutige Aufgabe der Minerogenie — für die Suche (und Prognose) zwar genutzt werden, jedoch ebenfalls weder die Suche ersetzen noch als spezielle theoretische Grundlage der Suche und Erkundung bezeichnet werden.

Wenn das anerkannt wird, dann können auch die theoretischen Grundlagen der Suche nicht in der von den Autoren formulierten Art und Weise eingeschränkt werden. Tatsächlich halten sich die Autoren auch nicht an diese Orientierung, wie bereits die Überschriften der 12 Hauptkapitel (und noch mehr ihr Inhalt) zeigen.

* * *

Im ersten Kapitel (Verfasser W. M. KREJTER) „Die industriellen Lagerstättentypen" werden die bereits bekannten Vorstellungen des Autors wiederholt und z. T. weiterentwickelt. So gliedert er die industriellen Lagerstätten nach ihrer Bedeutung (Anteil an der Weltförderung) in drei Gruppen, wobei er die Möglichkeit offenläßt, für jedes Land (besonders die großen) ihre spezifischen industriellen Lagerstättentypen möglicherweise auch anders zu bestimmen. Beiläufig wird die Frage gestreift (nicht beantwortet), ob das Kriterium des Anteils an der Weltförderung, also nicht des Anteils an den Weltvorräten, nicht eine unzulässige Einschränkung der industriellen Lagerstättentypen vor allem in Hinblick auf zukünftige Entwicklungen mit sich bringt. Die Definition des „industriellen Lagerstättentyps" kann offenbar noch nicht als vollkommen betrachtet werden; sie verdient und verlangt ihre weitere Bearbeitung.

Im zweiten Kapitel (Autor W. N. KOSERENKO) „Allgemeine geologische Suchkriterien" wird die Bedeutung der tektonischen Faktoren (in weitem Sinne) hervorgehoben, mit dem Ziel, Einheiten mit gleichartiger geologischer Entwicklung verschiedener Ordnungen voneinander abzugrenzen. Der Autor legt die Grundzüge der Minerogenie, die erkannten Hauptgesetzmäßigkeiten der Verteilung der Lagerstätten bei verschiedenem tektonischem Regime sowie die Haupttypen struktur-faziell-minerogenetischer Zonen dar. Den klimatischen Faktoren, die oft bei minerogenetischen Analysen unterschätzt werden, wird dabei die notwendige Aufmerksamkeit erwiesen.

Kapitel 3, „Spezielle geologische Suchkriterien" (Autor W. N. KOSERENKO), behandelt jene Kriterien, nach denen innerhalb der Zonen, die nach allgemeinen Kriterien ausgegliedert wurden, die gesetzmäßige Verteilung der Lagerstätten zu erkennen ist. Es handelt sich dabei um Formationskriterien, die endogene Zonalität und die Tiefe des Erosionsanschnitts, Kriterien, die sich auf die Beziehungen zum Metamorphismus und zu der Metasomatose der Gesteine beziehen (und ihre Verbindung mit der Lagerstättenbildung), Alters- und Strukturkriterien.

Wie aus diesen Kapiteln zu erkennen ist, unterscheiden sich Herangehen und Gliederung minerogenetischer Arbeiten nicht nur wesentlich von dem, was z. T. bei uns und im Westen unter allgemeiner und spezieller Minerogenie verstanden wird. Die Autoren haben diesen Unterschied sehr deutlich in der Einführung zu ihrem Buch formuliert:

> „In der sozialistischen Wirtschaft wird die planmäßige Untersuchung aller nutzbaren Bodenschätze auf regionaler geologischer Grundlage mit größtem Nachdruck gefordert, während in den kapitalistischen Staaten die Hauptaufmerksamkeit entweder einem zugeteilten Gebiet (Konzession), das einer Privatperson oder einer Gesellschaft gehört, oder der Suche einer bestimmten, durch die Konjunktur beeinflußten mineralischen Rohstoffart zuteil wird."

Im vierten Kapitel (Autor J. W. JAKUBOWSKIJ) werden die „Geophysikalischen Kriterien" gesondert dargestellt, allerdings nur sehr kurz. Das mag dadurch verursacht sein, daß gegenwärtig die geophysikalischen Methoden nur in einigen wenigen Fällen in der Lage sind, direkt Lagerstätten anzuzeigen (z. B. Eisen, Blei, Zink, Kupfer, Chromit und z. T. Kohle). Die meisten geophysikalischen Kriterien haben indirekte Bedeutung, die jedoch keineswegs unterschätzt werden darf, vor allem in Verbindung mit entsprechenden geologischen Kriterien.

Im fünften Kapitel stellt der Autor A. A. BEUS die „Geochemischen Kriterien" dar, nachdem er in vorzüglicher Weise einige Grundfragen resümierend dargelegt hat. Die geochemische Spezialisierung geologischer Komplexe, insbesondere der Magmen, petrogene Elemente in den Gesteinen, Besonderheiten der Verteilung der metallischen Elemente in den Indikatormineralen u. a. sind für die Praxis außerordentlich wichtig. Die Bedeutung von Paaren sich geochemisch nahestehender Elemente — im wesentlichen Elementbeimengungen im Erz — als objektives geochemisches Kriterium zur Bestimmung der magmatischen oder postmagmatischen Genesis von Gesteinen ist bekannt. Für die Minerogenie und über diese für die prognostische Arbeit sind diese Ausführungen von großem Informationsgehalt, zumal die geowissenschaftlichen Forschungen auf diesen Gebieten gegenwärtig immer neue Erkenntnisse vermitteln.

Die im 6. Kapitel (Autor G. I. ROSSMAN), „Primäre geochemische Aureolen der Lagerstätten", und im 7. Kapitel, „Aureolen und Ströme sekundärer Dispersion der Lagerstätten" (Autor N. I. SAFRONOW), beschriebenen Kriterien können dagegen weitgehend unmittelbar als Suchkriterien verwendet werden.

In der UdSSR wird seit Jahren dem Studium der Struktur von Erzfeldern und Lagerstätten große Aufmerksamkeit geschenkt. Das wesentlichste Ergebnis dieser Untersuchungen war die Erkenntnis, daß die Verteilung und Form endogener Lagerstätten vor allem durch die Struktur und nur in Ausnahmefällen durch lithologische Faktoren bestimmt werden. Dies ist wohl auch der Grund, daß als 8. Kapitel die „Strukturen der Erzfelder und Lagerstätten" (Verfasser A. W. DRUSHININ) behandelt werden. Diese Faktoren sind in der deutschsprachigen Literatur oft behandelt worden, zusätzlich liegt eine Reihe ausgezeichneter sowjetischer Übersetzungen vor. (Es sei hier nur an Bd. 2 der „Schriftenreihe des praktischen Geologen": „Die Strukturen der endogenen Erzlagerstätten" von F. I. WOLFSON erinnert.)

Kapitel 9 (Autor D. I. GORSHEWSKIJ), „Bewertung der Ausbisse von Lagerstätten nutzbarer Bodenschätze", beschäftigt sich hauptsächlich mit den Veränderungen, die anstehende Erze in der Verwitterungszone erleiden, um von diesen Rückschlüsse auf die primären Rohstoffe ziehen zu können.

Im 10. Kapitel (Verfasser W. W. ARISTOW) wird die „Methodik der Suche von Lagerstätten fester mineralischer Rohstoffe" beschrieben, das durch das 11. Kapitel (Verfasser O. A. GLIKO) wesentlich ergänzt wird: „Die landschaftlichen Verhältnisse und die Anwendung der Suchmethoden". Dieses Kapitel macht auch jene wirksame Unterstützung sichtbar, die die Suche durch geomorphologische Arbeiten erhalten kann.

Im abschließenden 12. Kapitel (Verfasser D. I. GORSHEWSKIJ & J. W. JAKUBOWSKIJ) werden „Geologische Situationen und Untersuchungsbesonderheiten (einschließlich geophysikalischer Methoden) bei der Durchführung von Such-Erkundungsarbeiten" zusammengefaßt, untergliedert nach exogenen, magmatogenen und metamorphogenen Lagerstätten und recht detailliert und modern dargestellt.

* * *

Dieser kurze Überblick über den Inhalt des vorliegenden Buches muß durch die Feststellung ergänzt werden, daß das wissenschaftliche Niveau aller Kapitel bemerkenswert hoch ist. Ein ausgezeichnetes Buch!

Und doch: Sind das die theoretischen Grundlagen für die Suche und Erkundung? Sind es wenigstens die entscheidenden Grundlagen, wenn es sich auch nicht um alle theoretischen Grundlagen handelt (handeln kann)? Auch diese Frage kann nicht ohne Einschränkungen positiv beantwortet werden.

Sieht man davon ab, daß die Ergebnisse aller geologischen Wissenschaften (neben anderen nichtgeologischen) Grundlage der Suche und Erkundung, deren theoretische Ergebnisse also auch allgemeine Grundlagen der Erkundungswissenschaft sind, erwartet der Rezensent von „theoretischen Grundlagen der Suche und Erkundung", daß sie vor allem die Spezifik dieser Wissenschaft berücksichtigen und nicht mit gleicher Begründung auch als theoretische Grundlagen z. B. der Lagerstättenlehre betrachtet werden können.

In dieser Hinsicht lassen die einzelnen Kapitel des vorliegenden Buches doch Wünsche offen. In vielen Kapiteln werden die neuen wissenschaftlichen Erkenntnisse nicht bis an die Suche herangeführt, d. h., es fehlt oft die Analyse der beschriebenen wissenschaftlichen Fakten hinsichtlich ihrer Auswirkungen auf die Praxis der Suche. Wenn — wie bereits nach KREJTER formuliert wurde — die Erkundungswissenschaft die theoretische Begründung der spezifischen Grundsätze, Methoden und Mittel liefern muß, dann muß von einem Buch wie dem vorliegenden erwartet werden, daß es derartige Begründungen bzw. Schlußfolgerungen liefert. Daß das nur teilweise geschieht, muß nach Meinung des Rezensenten trotz des hohen wissenschaftlichen Niveaus der Arbeit als Mangel empfunden werden.

Wenn die Erkundung einer Lagerstätte grundsätzlich als Ermittlung der Veränderlichkeit ihrer Parameter bezeichnet werden kann (wobei die Hauptmethode der geologisch-ökonomischen Analyse eine große Rolle spielt), kann die Suche — in deren Ergebnis die Lagerstätte entdeckt wird — grundsätzlich als Lokalisierung (Ortung) jener Bedingungen bezeichnet werden, unter denen sich die theoretisch erkannten Gesetzmäßigkeiten der Lagerstättenbildung tatsächlich in industriell nutzbaren Lagerstätten realisieren.

Wenn auf Grund der Erkenntnisse der Lagerstättengenese jene Faktoren bestimmt werden können, die Voraussetzung für eine Lagerstättenbildung sind und daher im Rahmen eines Faktorensystems (und der Kenntnis des geologischen Baus und der Geschichte eines betrachteten Gebiets) Grundlage für die Lagerstättenprognose sind, benötigt die Suche für ihre theoretische Begründung letztlich ein System von Indikatoren, die entweder darauf hinweisen, daß die erforderlichen Bedingungen für die Lagerstättenbildung vorhanden sind oder — in der Praxis häufiger — anzeigen, daß die Lagerstättenbildung tatsächlich stattgefunden hat.

Sowohl für die jeweils gültigen Faktoren als auch zur Bestimmung der entscheidenden und untrüglichen Indikatoren sind Arbeiten, wie sie im vorliegenden Werk enthalten sind, notwendige und wichtige Voraussetzung. Insofern können sie — in weitem Sinne — als theoretische Grundlagen der Suche bezeichnet werden, wenn wir bereit sind, diesen Begriff so weit zu fassen und auch die Ergebnisse anderer geologischer und nichtgeologischer Wissenschaften mit diesem Begriff zu erfassen. Rezensent zieht allerdings vor, diesen Begriff enger zu fassen und mit „theoretischen Grundlagen der Erkundungswissenschaften" nur jene Grundlagen zu erfassen, die unmittelbares theoretisches Fundament der Suche (und Erkundung) sind. Außerdem kann nur so erwartet werden, daß derartige echte theoretische Grundlagen der Suche und Erkundung zukünftig tatsächlich geschaffen werden.

Die Autoren heben mit Recht als Arbeitsmethode (Erkenntnismethode) der Erkundungswissenschaft die „geologisch-ökonomische Einschätzung der Verhältnisse" — bei der Suche: eines potentiell erzführenden Gebietes — hervor. Die geologisch-ökonomische Analyse ist in der Suche und Erkundung bekanntlich kein einmaliger Akt; sie durchzieht den gesamten Arbeitsprozeß, beeinflußt in Permanenz jede Entscheidung. Daß diese Analyse durch ökonomische Gesetze und Situationen selbstverständlich maßgebend beeinflußt wird, daß die Gesetze der Politökonomie somit Grundlagen dieser Analyse sind, das wird gewiß niemand bestreiten. Doch ebenso käme wohl kaum jemand auf den Gedanken, die Gesetze der Politökonomie dann aufzuzählen, wenn die theoretischen Grundlagen einer speziellen Disziplin, der Erkundungswissenschaft, dargelegt werden sollen.

Dieses Analogiebeispiel macht die differenzierte Haltung des Rezensenten zum vorliegenden Buch deutlich: uneingeschränkte Zustimmung und Hochachtung für die sinnvolle Auswahl und die theoretisch tiefe Behandlung der einzelnen Themen — und wesentliche Vorbehalte zum Grundanliegen: die theoretischen Grundlagen der Erkundungsarbeiten (als Ergänzung zu den klassischen Arbeiten KREJTERS oder SMIRNOWS) darzulegen.

FRIEDRICH STAMMBERGER

Die „gleitende Optimierung" – eine Methode zur Ermittlung der für die Lagerstättenerkundung notwendigen Anzahl von Bohrungen

KARIN MILDE-DARMER, Freiberg (Sa.)

(Veröffentlichung Nr. 150 der Sektion Geowissenschaften der Bergakademie Freiberg)

Das ökonomische System als Kernstück des gesellschaftlichen Systems des Sozialismus bedingt eine Betrachtungsweise des gesellschaftlichen Reproduktionsprozesses, die alle wechselseitigen Zusammenhänge unter dem Aspekt der gesamtgesellschaftlichen Zielstellung der sozialistischen Produktion berücksichtigt. Das gilt in bedeutendem Maße auch für die geologische Erkundung von Lagerstätten nutzbarer mineralischer Rohstoffe. Ökonomische Effektivität wird daher zum Kriterium von Entscheidungen in der geologischen Erkundung. Die geologische Erkundung einer Lagerstätte ist prozeßanalytisch ein Bestandteil der Produktionsvorbereitung der bergbautreibenden Industrie. Die Kosten der Erkundung gehen damit in

Eingang des Manuskripts in der Redaktion: 21. 8. 1970.

die Gesamtkosten für das Bergbauprodukt ein; ihre Höhe schwankt je nach Lagerstättentyp und Rohstoffart. Den größten Anteil an den gesamten Erkundungskosten hat der bohrtechnische Aufwand der Lagerstättenerkundung; er beträgt für unterschiedliche Lagerstättentypen und für verschiedene Teufen 50 bis 80% der Erkundungskosten. Daraus resultiert, welche bedeutungsvoll günstigen Folgen sich für die Volkswirtschaft ergeben, wenn es gelingt, diesen Anteil zu optimieren, d. h. auf das notwendige Maß zu reduzieren. Außerdem führt eine Verringerung der Anzahl von Bohrungen im allgemeinen zusätzlich zu einer Verkürzung der Erkundungsdauer sowie zu einer Einsparung an materialtechnischen Mitteln und Arbeitskräften. Der daraus entspringende direkte und indirekte ökonomische Effekt ist beträchtlich.

Der in der Erkundung tätige Geologe steht bei der Projektierung eines Erkundungsobjekts stets neu vor der Entscheidung über Anzahl bzw. Abstand der für die Informationsbeschaffung notwendigen Bohrungen. Die Entscheidung ist im wesentlichen von zwei Kriterien abhängig, den Lagerstättenverhältnissen, der Variabilität innerer und äußerer Eigenschaften einerseits und den Forderungen nach Umfang und Genauigkeit der Erkundungsdaten andererseits.

Zur exakten Festlegung dieser beiden Kriterien sind — wie von MILDE-DARMER (1970) nachgewiesen wurde — zur Optimierung der Abstände von Erkundungsbohrungen in erster Linie geologische Kenntnisse über genetische Verhältnisse nötig. Mathematische Verfahren zur Optimierung stehen in der zweiten Reihe. Sie können geologische Kombinationen nicht ersetzen, sondern stellen im wesentlichen Hilfsmittel dar, um geologische Zusammenhänge zu verdeutlichen. Die hier vorgeschlagene Methode der „gleitenden Optimierung" stellt eine sinnvolle Kombination geowissenschaftlicher und mathematisch-statistischer Arbeitsweisen dar. Sie sollte nicht als das ideale Optimierungsverfahren angesehen werden; ein derartiges Verfahren gibt es gegenwärtig noch nicht. Doch empfiehlt sich die Anwendung der „gleitenden Optimierung" deshalb, weil sie gestattet, sich je nach den geologischen Bedingungen und den verschiedenen Industrieanforderungen durch Prüftests und kleine gezielte, wissenschaftlich begründete Erkundungsschritte an das exakte Optimum der notwendigen Bohrlochanzahl heranzutasten. Es ist kaum anzunehmen, daß die für eine exaktere Bestimmung des Optimums notwendigen Aufwendungen im Verhältnis zu dem Nutzen eines genaueren Ergebnisses zu rechtfertigen wären. Im folgenden werden an Hand der Abbildung die einzelnen Arbeitsetappen der „gleitenden Optimierung" beschrieben.

Den Ausgangspunkt bilden erstens die aus Prognose- und Sucharbeiten oder anderweitig gewonnenen Kenntnisse über eine Lagerstätte, die einen niedrigen Informationsgrad besitzen, und zweitens geologisch-lagerstättengenetische und rohstoffkundliche Informationen, die durch sorgfältig vorzunehmende Analogieschlüsse aus bekannten Lagerstätten ähnlichen Typs abzuleiten sind. Ist vom Auftraggeber entsprechend der Projektierungsordnung 1964 und der Projektierungsrichtlinie 1965 im geologischen Projekt genau festgelegt, welchen Umfang und welche Genauigkeit die durch die projektierte Erkundungsetappe zu erbringenden Informationen haben sollen, werden die obengenannten Informationen diesem Ziel entsprechend zusammengestellt und ausgewertet.

Diese Auswertung sollte parallel in zweierlei Arbeitsweisen vorgenommen werden:

1. Darstellung der Lagerungsverhältnisse und der Verteilung der Rohstoffsorten nach konventionellen graphischen Methoden, d. h. anschauliche Profil- und Isoliniendarstellungen;
2. mathematisch-statistische Bearbeitung der Kennwerte äußerer und innerer Lagerstätteneigenschaften, d. h. im wesentlichen die Berechnung von Mittelwerten, der Streuung und des Variationskoeffizienten, sowie die Darstellung der Häufigkeitsverteilungen.

Bei der Anwendung dieser statistischen Verfahren gilt es, etwas sehr Wichtiges zu beachten. Da diese Verfahren nur auf zufällige Werte angewandt werden dürfen, muß man schätzen, ob sich die Veränderlichkeit der untersuchten Lagerstättenparameter, die sich — verursacht durch die genetischen Bedingungen — im allgemeinen aus großräumig gerichteten und lokalen zufälligen Veränderlichkeiten zusammensetzt, als überwiegend zufällig erweist. Um zuverlässig entscheiden zu können, ob die Werte des genannten Feldes zu einer mathematischen Grundgesamtheit zusammengefaßt werden dürfen oder nicht, sollte die Auswertung zunächst für das gesamte Erkundungsfeld, parallel dazu aber auch für zwei getrennte Feldesteile oder unterschiedliche Flözhorizonte vorgenommen werden. Ergeben sich für verschiedene Feldesteile oder Flözhorizonte unterschiedliche Grundgesamtheiten, müssen die anschließen-

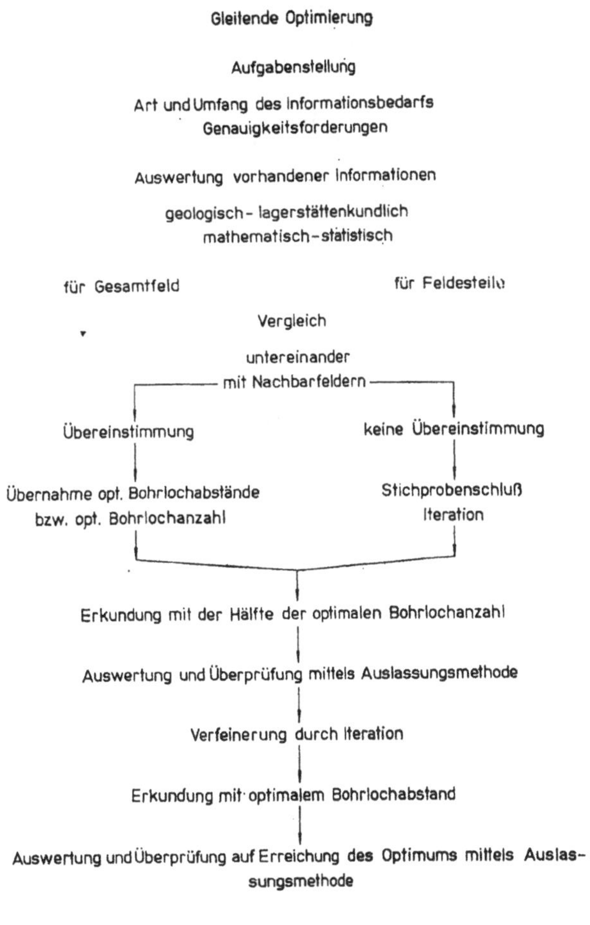

den Optimierungsuntersuchungen in diesen Einheiten getrennt durchgeführt werden. Dasselbe gilt für den Fall, daß die graphischen Darstellungen der Lagerungsverhältnisse Gebiete unterschiedlicher Genese ausweisen (MILDE-DARMER & VULPIUS 1969).

Da der Nachweis des Zufälligkeitsgrads der statistisch ermittelten Werte für die nachfolgenden Untersuchungen von ausschlaggebender Bedeutung ist, empfiehlt es sich, die Ergebnisse mit denen benachbarter und geologisch ähnlich entstandener Lagerstätten zu vergleichen. Das Ergebnis dieses Vergleichs ist der Knotenpunkt zweier verschiedener Bearbeitungswege, die zum ersten Erkundungsschritt führen:

1. Stimmen die Lagerstättenverhältnisse und die statistischen Kenngrößen des Erkundungsfelds mit dem Vergleichsfeld weitgehend überein und liegen für dieses bereits optimale Werte für die Erkundungsdichte vor, so können für das zu erkundende Feld die im Vergleichsfeld ermittelten optimalen Bohrlochabstände bzw. Bohrlochanzahl als Richtwerte analog übernommen werden. Dabei sollte für den ersten Erkundungsschritt nur die halbe Bohrlochanzahl projektiert werden.

2. Können aus Vergleichsfeldern keine Richtwerte für den ersten Erkundungsschritt benutzt werden, so sollten diese mit Hilfe des von MILDE-DARMER (1966) vorgeschlagenen „Stichprobenschlusses" geschaffen und mittels der von BANDEMER 1967 empfohlenen „Iteration" verfeinert werden. Die auf diese Weise ermittelte Anzahl von Bohrlöchern sollte ebenfalls bei der Projektierung halbiert werden.

Sowohl bei dem einen als auch bei dem anderen Bearbeitungsweg entsteht durch die Ausführung mit der Hälfte der Bohrlöcher ein Zwischenschritt, in dem die Bohrlochabstände sicher größer als optimal sein werden und daher auf jeden Fall eine ökonomisch nicht vertretbare Übererkundung ausschließen.

Die Ergebnisse dieses ersten Erkundungsschritts werden einer graphischen, geologisch-lagerstättenkundlichen sowie einer mathematisch-statistischen Auswertung unterzogen. Diese Auswertungen besitzen einen größeren Sicherheitsgrad als die Anfangswerte, die vor der Erkundung ermittelt werden konnten. Am wichtigsten aber erscheint zu diesem Zeitpunkt die Anwendung der von Verf. 1966 empfohlenen Auslassungsmethode, mit deren Hilfe festgestellt werden kann, in welchen Grenzen z. B. die berechneten Mittelwerte der einzelnen Lagerstättenkennwerte und Rohstoffparameter beim gegenwärtigen Stand der Erkundung noch schwanken. Die Auslassungsmethode vermittelt darüber hinaus einen anschaulichen Einblick in die räumlich abhängige Veränderlichkeit dieser Größen. Wie die Auslassungsmethode im Detail angewandt wird, entnehme man MILDE-DARMER (1970).

Durch nochmalige Iteration, unter Benutzung der sich durch den ersten Erkundungsschritt ergebenden Werte, kann eine notwendige Bohrlochanzahl ermittelt werden, die mit hoher Wahrscheinlichkeit auf optimale Bohrlochabstände hinführt. Diese Bohrlochabstände sind für den zweiten Erkundungsschritt zu benutzen. Danach wird ein erneuter Test nach der Auslassungsmethode zeigen, ob die Lagerstättenparameter und Rohstoffkennwerte mit der von der abbauenden und nutzenden Industrie geforderten Genauigkeit erkundet wurden. Im allgemeinen wird sich an diesem Punkt zeigen, daß die Erkundungsergebnisse den Anforderungen der Aufgabenstellung genügen. Wenn dies jedoch noch nicht der Fall ist, so sollten — um die Gefahr einer Übererkundung zu vermeiden — weitere Bohrlochverdichtungen zunächst nur in kleineren repräsentativen Feldesteilen durchgeführt und mittels der Auslassungsmethode fortschreitende Prüfungen auf den erreichten Genauigkeitsgrad vorgenommen werden. So tastet man sich gleitend an den optimalen Bohrlochabstand heran.

Diese Optimierungsuntersuchungen sind für jeden zu erkundenden Parameter durchzuführen. Da die Verteilung der Parameter untereinander ungleich und die Genauigkeitsanforderungen an die einzelnen Kennwerte verschieden sind, können sich unterschiedliche optimale Bohrlochabstände für die verschiedenen Parameter ergeben. Das Erkundungsprojekt muß dann auf den geringsten Bohrlochabstand orientiert werden; Probenahme und Untersuchungsreihen werden aber auf die für die einzelnen Parameter notwendige Anzahl abgestimmt. Verf. zeigte z. B. (MILDE-DARMER 1970), daß in einem Erkundungsfeld in allen Bohrungen der Aschegehalt, aber nur in jeder zweiten oder dritten die Teerausbeute zu bestimmen war. Hierdurch lassen sich gegebenenfalls ökonomisch günstige Bohrverfahren für manche Verdichtungsschritte in Vorschlag bringen.

Die Aufteilung einer Erkundungsetappe in zwei oder auch mehrere Schritte und die Auswertung der Ergebnisse nach jedem Schritt werden um so besser möglich sein, wie es gelingt, die EDV in der praktischen Lagerstättenerkundung einzusetzen. Selbstverständlich steigt bei komplizierten Lagerstätten oder bei besonders großen Anforderungen an die Erkundung des Rohstoffs der rechen- und programmierungstechnische Aufwand. Mit Hilfe der elektronischen Datenverarbeitung ist der Rechenaufwand aber für die hier vorgeschlagenen Optimierungsuntersuchungen durchaus zu bewältigen.

Der Einsatz der elektronischen Datenverarbeitung eröffnet die Möglichkeit, bereits nach kleinsten Erkundungsschritten den Informationszuwachs auszuwerten. Damit werden strategische Entscheidungen über weitere Erkundungsvorhaben nicht erst nach umfangreichen, kostenaufwendigen Erkundungsetappen, sondern bereits nach kleineren, weniger kostenintensiven Schritten möglich. Mit der Annäherung an die optimale Erkundungsdichte werden diese Schritte zur Vermeidung einer Übererkundung immer kleiner gewählt, so daß man sich „gleitend" dem optimalen Zustand nähert. Die „gleitende Optimierung" führt also nicht zu „dem" Optimum, strebt aber durch wissenschaftlich begründete Verknüpfung verschiedener Optimierungsverfahren einer für die praktische Lagerstättenerkundung ökonomisch ausreichenden optimalen Lösung zu.

Zusammenfassung

Zur Bestimmung optimaler Bohrlochanzahl bzw. optimaler Bohrlochabstände bei der Lagerstättenerkundung wird die „gleitende Optimierung" empfohlen, die eine Verknüpfung dreier verschiedener Verfahren, des „Stichprobenschlusses", der „Iterationsmethode" nach BANDEMER und der „Auslassungsmethode", darstellt. Diese Methode nähert sich mit steigendem Informationszuwachs schrittweise bzw. gleitend der optimalen Lösung. Daher lassen sich bei Anwendung der „gleitenden Optimierung" sowohl eine ökonomisch nicht vertretbare Übererkundung als auch ein unzureichendes Erkundungsergebnis verhindern. Diese Methode trägt somit wesentlich zur höheren Effektivität der Lagerstättenerkundung bei.

Резюме

Для определения оптимальных количеств скважин или оптимальных расстояний скважин при разведке месторождений рекомендуется „скользящая оптимализация", представляющая собой комбинацию трех различных способов, а именно „вывода по образцам", „итерационного метода" по БАНДЕМЕРУ и „метода пропускания". Этот метод с возрастающим приростом информации приближается к оптимальному решению шагообразно или скользящим образом. Таким образом, при использовании „скользящей оптимализации" можно избежать как неэкономичной переразведки, так и недостаточного результата разведки. Итак, этот метод существенно способствует более высокой эффективности разведки месторождений.

Summary

The "sliding optimisation" is recommended for determining optimum numbers and spacings, respectively, of bore holes when exploring deposits. It combines three different methods, viz. the "random-test" conclusion, BANDEMER's "method of iteration", and the "method of omission". With increasing informations the method approaches step by step and in a sliding manner, respectively, an optimum solution. Thus its application prevents both an uneconomical excess exploration and an insufficient result of exploration. Consequently, it considerably contributes to secure a higher effectiveness of the exploration of deposits.

Literatur

BANDEMER, H.: Die für eine vorgegebene Genauigkeit notwendige Bohrlochanzahl bei quantitativer Auswertung der Ergebnisse. – Z. angew. Geol., 12, 3, 122–127, Berlin 1966.

MILDE-DARMER, K.: Untersuchungen zur Festlegung begründeter Bohrlochabstände für die Braunkohlenqualitätserkundung. – Bergbautechnik, 16, 8, 411–416, Leipzig 1966.

– Zur Optimierung der Bohrlochabstände in Salzkohlenfeldern. – Z. angew. Geol., 14, 4, 188–183, Berlin 1968.

– Geologische Untersuchungen zum Problem der Bestimmung optimaler Abstände von Erkundungsbohrungen. – Dt. Verl. Grundstoffind., Freiberger Forsch.-H., C 263, Leipzig 1970.

MILDE-DARMER, K., & R. VULPIUS: Beitrag zur mathematisch-statistischen Bearbeitung von Erkundungsdaten zwecks Optimierung des Erkundungsaufwandes. – Z. angew. Geol., 15, 29–33, 1, Berlin 1969.

Einige methodische Fragen der Anwendung der Mathematik in der Geologie

I. W. NASAROW, Swerdlowsk, UdSSR

Die Hauptaufgabe jeder beliebigen Wissenschaft besteht in der Erkenntnis der objektiven Gesetze der materiellen Welt und ihrer Anwendung in der praktischen Tätigkeit. Die Erkenntnis beginnt mit der Beobachtung, Beschreibung und Systematisierung. In der Anfangsperiode der Entwicklung der Wissenschaft werden einzelne Zusammenhänge zwischen den Erscheinungen aufgedeckt, werden die qualitativen Abhängigkeiten zwischen ihnen festgestellt. Weil aber die Zusammenhänge zwischen den Erscheinungen nur äußerlich aufgedeckt werden, die eigentliche Struktur des Zusammenhangs jedoch nicht bekannt ist, greift die Wissenschaft zur Erklärung vieler Erscheinungen auf Voraussetzungen und Hypothesen zurück, deren Prüfung experimentell unmöglich ist. Das ist das sogenannte empirische Stadium der Wissenschaft.

Die folgende Etappe der Entwicklung der Wissenschaft ist eng mit dem Übergang von der Aufdeckung der quantitativen Abhängigkeit zur Aufklärung der genauen qualitativen Beziehungen verbunden. Es werden nicht nur das Auftreten dieser oder jener Wechselbeziehungen, sondern auch ihr Charakter, ihr Maß und ihre Wirkungskräfte festgestellt. Die Wissenschaft, die nur Fakten „sammelt", wandelt sich in eine Wissenschaft um, die diese Fakten aufklärt, sie „ordnet" und die Quellen und Bewegungskräfte der Prozesse auffindet. Dieses neue, theoretische Stadium der Entwicklung der Wissenschaft ist ohne die Mathematik unmöglich. Nicht ohne Grund stellte KARL MARX fest, daß „die Wissenschaft nur dann Vollkommenheit erringt, wenn es ihr gelingt, die Mathematik zu benutzen" (LAFARGUE 1958, S. 10). Die streng wissenschaftlichen Theorien von D. P. GORSKIJ (1963, S. 56) charakterisieren völlig richtig als „geordnetes System des Wissens das System, in dem eine spezielle Sprache der Wissenschaft geschaffen wird und in dem die Aussagen auf Grundlage der Anwendung des mathematischen Apparats und mit großer Genauigkeit getroffen werden". Wenn in der Physik, der grundlegenden Wissenschaft von der unendlichen Natur, ein solcher Übergang zum theoretischen Stadium im wesentlichen bereits vollzogen ist, so beginnt er in anderen Wissenschaften (zum Beispiel in der Geologie) erst jetzt.

In der gegenwärtigen Zeit vollzieht sich der Prozeß der Schaffung und Herausbildung der theoretischen Geologie. Aus der beschreibend-empirischen Wissenschaft wandelt sich die Geologie in eine theoretische Wissenschaft um, die nicht nur den Zusammenhang der natürlichen Prozesse, sondern auch ihre Ursachen und ihren Wirkungsmechanismus aufdeckt. Die Aufgabe besteht darin, sie auf eine höhere Stufe einer vollständigen und genauen Abbildung der geologischen Prozesse, einer tieferen Erkenntnis dieser Prozesse zu erheben. Deshalb ist auch die zunehmende Hinwendung der Geologen zur Mathematik gesetzmäßig, obwohl die Geschichte der Anwendung der Mathenatik in der Geologie bereits mit den Arbeiten von LYELL begann.

Die Mathematisierung der Wissenschaft steht zu einer Anzahl von aktuellen philosophischen Problemen in einem bestimmten Verhältnis. Kann die Mathematik zur Untersuchung komplizierter, vielfältiger (im Detail auch geologischer) Prozesse angewendet werden? Was ergibt die Anwendung der Mathematik in den verschiedenen Zweigen des Wissens? Welche Wege ihrer Anwendung sind einzuschlagen? Diese und viele andere ähnliche Probleme stehen vor den Vertretern jeder Wissenschaft, die zur Anwendung der Mathematik hinstrebt. Man muß

Aus: „Geologija i geofisika", 9, 1970.
Übers.: P. STRAACH, ZGI, Berlin.

sagen, daß diese Probleme in Beziehung zur Geologie praktisch noch nicht ausgearbeitet sind. Das hängt mit dem allgemeinen Rückstand der Bearbeitung methodischer und philosophischer Probleme in der Geologie zusammen. Einige Autoren, die diese Probleme in ihren Arbeiten berühren, gehen in der Erkenntnis der besonderen geologischen Form der Bewegung der Materie nicht weiter, obwohl sich der Rückstand in der Ausarbeitung der allgemeinen theoretischen Probleme der Geologie immer mehr auch in der Praxis der geologischen Arbeiten niederschlägt.

Zur Frage der Möglichkeit und der Zweckmäßigkeit der Anwendung der Mathematik in der Geologie existieren zwei entgegengesetzte Standpunkte. Einer derselben, vertreten durch S. N. VON BUBNOW (1960) und W. W. BELOUSOW (1964), drückt Zweifel über die Möglichkeit und Zweckmäßigkeit des Eindringens der Mathematik in die Geologie aus. Zur Begründung und zur Verteidigung dieses Standpunkts werden Hinweise auf die Kompliziertheit der geologischen Objekte und Prozesse, auf die Nichtumkehrbarkeit der letzteren, auf die Abhängigkeit eines endlichen Resultats von einer Reihe von Bedingungen und Faktoren, deren Rolle oft unbekannt ist, auf den qualitativen Charakter geologischer Daten usw. angeführt.

W. W. BELOUSOW ist der Ansicht, daß es in der Geologie völlig ausreichend ist, mit solchen Begriffen wie „größer" und „kleiner", „stärker" und „schwächer", „früher", „später" oder „gleichzeitig" zu operieren. Das zeugt seiner Meinung nach nicht von einer Rückständigkeit der Geologie, sondern von den Besonderheiten der durch sie untersuchten Objekte. W. W. BELOUSOW sieht keinen Unterschied zwischen den beiden Stadien, zwischen den Entwicklungsniveaus einer beliebigen Wissenschaft, und verabsolutiert die charakteristischen Besonderheiten, die die Wissenschaft im ersten, empirischen Stadium ihrer Entwicklung besitzt.

Der zweite Standpunkt über die Anwendung der Mathematik in der Geologie wird in einigen Arbeiten von JU. A. WORONIN, JU. A. KOSYGIN u. a. (1964) dargelegt. In einem noch vollständigeren Maße kommt er in der Kollektivarbeit „Geologie und Mathematik" (1967) zum Ausdruck, in der methodologische, theoretische und organisatorische Probleme der Anwendung mathematischer Methoden in der Geologie dargelegt werden. In dieser Arbeit sind die Anwendungsmöglichkeiten der Mathematik in der Geologie aufgezeigt sowie verschiedene dabei erhaltene Aspekte dieser Anwendung und die Ergebnisse geschildert worden. Man muß noch hinzufügen: Die Erfahrung der Anwendung der Mathematik in den verschiedensten Wissensgebieten beweist ganz klar, daß der Komplex der Mathematik, zu dem solche neuen Zweige wie mathematische Logik, Informationstheorie, mathematische Statistik und andere gehören, sehr komplizierte Aufgaben zu lösen vermag.

Es soll hier die völlig richtige Meinung von G. KLAUS (1963) angeführt werden: „Ein Argument, daß diese oder jene Beschaffenheit der Dinge wegen ihrer Kompliziertheit nicht mathematisch beschrieben werden könnte, scheint zwar offensichtlich zu sein, ist jedoch unwahr, weil die Praxis der Wissenschaft und faktisch der Lauf der Geschichte ... zeigen, daß im Gegenteil folgende Behauptung richtig ist: Dieses oder jenes Problem ist so kompliziert, daß es ohne Hilfe der Mathematik nicht gelöst werden kann." In der Geologie ist die Frage des Übergangs zur quantitativen Bewertung der geologischen Prozesse, der Überführung der geologischen Gesetzmäßigkeiten in eine Ziffern- und Formelsprache und der Einführung der operativen maschinellen Bearbeitung der geologischen Informationen besonders wichtig. A. W. SIDORENKO (1964, S. 24) unterstreicht, daß „die Mathematisierung der Geologie keine wissenschaftliche Modeerscheinung, sondern eine zwingende Notwendigkeit der gegenwärtigen Entwicklung der Geologie ist".

Ein Schulbeispiel dafür, wie aus einer rein beschreibenden naturwissenschaftlich-historischen Disziplin eine völlig exakte Wissenschaft von den Kristallen wurde, die eine fundierte mathematische Grundlage hat, ist das Eindringen der Mathematik in die Kristallographie.

Die prinzipielle Möglichkeit der Anwendung der Mathematik für das Studium der geologischen Prozesse begründet sich unserer Meinung nach darauf, daß das Wesen, die inneren Grundlagen dieser Prozesse physikalischer bzw. chemischer Natur sind. Aus jedem beliebigen geologischen Prozeß kann man sein Wesen herauskristallisieren, das sich auf die Gesetze der Mechanik, der Physik und Chemie begründet. Obwohl ein beliebiger Naturprozeß naturgemäß nicht durch sein Wesen erschöpft wird, sondern reicher und umfangreicher als sein Wesen ist, spiegeln sich seine grundlegenden Merkmale genügend genau durch die Gesetze der exakten Wissenschaften wider, fast vollständig jedoch durch mathematisierte.

Wie jede neue Richtung, so hat auch die Einführung der Mathematik in die Geologie mit den verschiedensten Schwierigkeiten zu kämpfen. Für einige Forscher stellen sich diese Schwierigkeiten als unüberwindbar dar. So unterstützt A. M. SCHURYGIN (1968) den Standpunkt BELOUSOWs, indem er die Arbeit von KOSYGIN, WORONIN & SOLOWJEW über die Formalisierung der geologischen Begriffe kritisiert. Er beschränkt sich nicht nur auf die Behauptung, daß „sich der Versuch, die hauptsächlichsten Begriffe der Geotektonik zu formalisieren, als völlig erfolglos erwies" (S. 132), er entwickelte auch keine neuen, erfolgreicheren Vorschläge, sondern er erklärt alle diese Versuche als dem Wesen nach nicht richtig.

Alle bisher angeführten Bemerkungen beweisen jedoch gerade das Gegenteil: Die Einführung der Mathematik in die Geologie ist nicht nur möglich und entspricht nicht nur der allgemeinen Entwicklung aller Naturwissenschaften, sondern sie ist sowohl aktuell als auch notwendig. Der Standpunkt von der Unmöglichkeit und Unzweckmäßigkeit der Ausnutzung der Mathematik in der Geologie ist falsch und rückständig; es ist der Ausdruck der Vergangenheit in der Geologie. Es ist verständlich, daß nicht jede beliebige Anwendung der Mathematik in der Geologie erfolgreich und berechtigt ist oder in kurzer Zeit praktische Ergebnisse liefert. Die Auswahl eines effektiven, optimalen Weges ist noch nicht getroffen. Diese Frage wird jedoch diskutiert und untersucht, alle Aussagen darüber sind nützlich. Die Zweifel bei der Anwendung eines solchen Weges entbehren jeder Grundlage.

Im Artikel S. F. WASILTSCHENKOs (1968), der die

philosophischen Probleme der Formalisierung geologischer Begriffe behandelt, wird das Verhältnis von subjektiven und objektiven Momenten im Prozeß der Formalisierung gestreift. S. F. WASILTSCHENKO verweist auf die Wichtigkeit und Bedeutung der Klassifizierung solcher Objekte, deren Grenzen durch den Menschen nach dem Prinzip der Bevorzugung geschaffen sind. Er behauptet, daß die mathematischen Symbole, die ein „enges Modell der materiellen Bildung" sind, „nur einige seiner Qualitäten" enthalten, daß „die Mathematik sehr oft den objektiven Sinn der vorgegangenen Umwandlungen nicht versteht und nicht zu verstehen versucht", daß „die Anwendbarkeit der Mathematik für die verschiedensten und sehr vielfältigen Erscheinungen ... mit dem Preis des Verzichts auf das vollständige Verstehen des Wesens und des Sinnes der Erscheinung errungen wird" (S. 141).

Der wirkliche Wert der Mathematik jedoch besteht darin, daß sie, von einer Reihe äußerer Eigenschaften bzw. von der Qualität der Dinge abstrahierend, dadurch das Wesen und die inneren Zusammenhänge einer Erscheinung genauer ausdrückt, indem sie abstrakte bzw. Idealmodelle schafft. „Das vollständige Verständnis des Wesens und des Sinns der Erscheinung" ist nicht möglich, weil das Wesen nicht alles, sondern nur die wichtigsten, grundlegendsten und tiefsten inneren Zusammenhänge im Objekt oder im Prozeß ausdrückt. W. I. LENIN (Philosophische Hefte, S. 161) schrieb: „Das vom Konkreten zum Abstrakten gehende Denken entfernt sich nicht, wenn es richtig ist, von der Wahrheit, sondern nähert sich ihr; alle wissenschaftlichen (richtigen, ernsthaften und sinnvollen) Abstraktionen spiegeln die Natur tiefer, richtiger und vollständiger wider." Deshalb widerspricht die Formalisierung der Begriffe, die mit der Genauigkeit und Eindeutigkeit der letzteren verbunden ist, nicht „den Anforderungen in der Übereinstimmung der Widerspiegelung mit den objektiven Erscheinungen", wie es S. F. WASILTSCHENKO (1968, S. 141) meint. In bezug auf die Stichhaltigkeit der Zweifel über die Möglichkeit der Widerspiegelung „der nichtausdrückbaren Kompliziertheit der Charakteristik" geologischer Prozesse durch die Mathematik kann man auf die obenangeführte Meinung G. KLAUS' verweisen.

Die Überbewertung der Rolle des subjektiven Moments in der Definition und Klassifikation geologischer Erscheinungen führte S. F. WASILTSCHENKO zu der Schlußfolgerung, daß „... man zu den allgemeinsten Begriffen in der Geologie, wie es scheint, die geologische Wechselwirkung zählen kann, die aus anderen Wechselwirkungen vom Menschen ausgewählt worden ist und sowohl die Erde als Ganzes als auch ihre Bestandteile, wie Erdkern und Erdkruste, Kontinente und Ozeane, betrifft" (S. 142).

Diese Meinung ist nicht richtig. Wenn man die Erde als Begriff betrachtet, so wird er durch den Menschen herausgebildet und nicht nur „durch die geologischen Wechselwirkungen". Wenn man aber die Erde als Forschungsobjekt ansieht, so hängt sie vom Menschen und seiner Wechselwirkung nicht ab. Im allgemeinen ist die Gleichsetzung der Begriffe „Qualität" und „Wechselwirkung", die S. F. WASILTSCHENKO vornimmt, sehr bedingt. Die Qualität des Gegenstandes wird durch seine Eigenschaften aufgezeigt, die Wechselwirkung jedoch ist eine Form des Zusammenhanges der Objekte, sie ist ein Prozeß; die Qualität jedoch ist die Gesamtheit aller wesentlichen Merkmale des Gegenstandes.

Darauf, daß es unrichtig ist, die Kategorien „Qualität" (Eigenschaft) und „Wechselwirkung" (Beziehung) gleichzusetzen, ist im einzelnen im Artikel A. M. BOROWIKOWS (1968) hingewiesen worden. Er führt an, daß „man durch formale Methoden beliebig komplizierte Systeme wechselseitiger Beziehungen geologischer Eigenschaften widerspiegeln, typisieren und voraussagen kann" (S. 138). Interessant sind auch die Argumente und Schlußfolgerungen A. M. BOROWIKOWS über die Rolle der Mathematik in der geologischen Wissenschaft der Gegenwart. Es scheint, daß das Problem sowohl für Geologen als auch für Mathematiker genügend klar ist. Die traditionellen Methoden der Geologie behalten ihre Bedeutung für die Geologie, aber sie sind nicht ausreichend. Die neue Etappe der Entwicklung der Geologie, die innere Logik ihrer Entwicklung, fordert die Einbeziehung neuer Methoden der „exakten" Wissenschaften. Notwendig ist die Formalisierung geologischer Begriffe, die gestatten, eindeutig und genau die geologischen Objekte und Prozesse zu beschreiben, notwendig ist die Erarbeitung einer neuen Begriffsgrundlage der Wissenschaft.

A. M. SCHURYGIN wendet sich in einem Artikel (1968) erneut diesem Problem zu und bringt „einige Zweifel in der Perspektive der formallogischen Methoden im allgemeinen" vor (S. 132). Der Nachweis A. M. SCHURYGINs ist folgender: Weil „die traditionellen geologischen Methoden zum Fundament der Lehre von den Bodenschätzen geworden sind" (S. 132) und zu wichtigen praktischen Resultaten führten, sind sie nicht subjektiv, sondern objektiv. Es ist ersichtlich, daß A. M. SCHURYGIN den Begriff der Wahrheit mit dem Begriff Objektivität vermischt. Etwas weiter behauptet er, daß die traditionellen geologischen Methoden alles in allem subjektiv sind, weil „sehr oft die Erfahrung und die Kenntnisse den einzelnen Geologen dazu veranlassen, eines von mehreren möglichen Modellen vorzuziehen. Andere ziehen wiederum andere Varianten vor, und noch andere Autoren arbeiten in Zweifelsfällen mit mehreren möglichen Varianten gleichzeitig" (S. 132 bis 133). Die traditionellen Methoden sind nach Meinung dieses Autors objektiv und wahrheitsgetreu, aber ihre Interpretation ist subjektiv. A. M. SCHURYGIN sieht nicht ein, daß die Wahrheit ein unendlicher Prozeß der Annäherung der Gedanken an das Objekt ist. In der ersten Etappe genügt diese oder jene Wahrheit der Wissenschaft vollständig, in der folgenden jedoch schon nicht mehr. Die Wissenschaft entwickelt sich, ihre Aufgaben komplizieren sich. Die Erkenntnis immer tieferer innerer Zusammenhänge in den Untersuchungsobjekten und natürlich auch neue Methoden des Auffindens und der Aufdeckung des Wesens dieser Objekte werden zu einer dringenden Notwendigkeit.

Die vorgeschlagene Formalisierung der geologischen Begriffe, die Schaffung mathematischer Modelle der geologischen Objekte und Prozesse (KOSYGIN u. a. 1964) gestatten, die Subjektivität der Interpretation der Untersuchungsdaten zu vermeiden und folglich auch die Zweideutigkeit der Schlußfolgerungen, die Folgen der bisherigen Theorie, zu überwinden. Zusammen mit der Intuition des Geologen, die auf seiner Erfahrung beruht, mit seinem Wissen und seinen Fähigkeiten ist eine mathematisch exakte Auswertung notwendig, die auf den Gesetzmäßigkeiten der gegebenen Klasse von Entscheidungen beruht.

Die von A. M. SCHURYGIN angeführten vier Gruppen geologischer Charakteristiken zeugen nicht von der Unmöglichkeit ihrer Darstellung unter Anwendung der Mathematik. Man braucht dabei nicht auf der Fehlerhaftigkeit seines Standpunkts zu verharren. „Die Mathematik kann nur solche Aufgaben lösen, die auf ein einfaches Modell zurückzuführen sind", schreibt er (S. 134). Es ist interessant, daß dieser Standpunkt A. M. SCHURYGINs vorherrschend und grundlegend ist und daß der ganze Artikel nicht auf die Suche nach Wegen der Anwendung der Mathematik in der Geologie, sondern auf den Beweis dieses Standpunkts hin gerichtet ist. Aus dem letzten ergibt sich auch die Anerkennung „der Schmiegsamkeit geologischer Methoden". Aber diese „Schmiegsamkeit" wird gegenwärtig zu einer Bremse der Entwicklung der Geologie, verzögert den Übergang der Geologie auf ein theoretisches Niveau.

In bezug auf die Erfolge der praktischen Geologie ist folgendes zu bemerken. Die Erfolge sind wirklich gewaltig, z. B. die Erschließung riesiger Eisenerz-, Erdöl-, Erdgas-, Gold- und anderer Lagerstätten. Sie erfolgten jedoch in der Hauptsache in wenig erforschten Gebieten (Sibirien, Ferner Osten) oder in größeren Tiefen. Das ist eine Art der Erweiterung des Anwendungsgebiets der traditionellen Methoden. In geologisch gut erforschten Gebieten (Ural, Russische Plattform) sind diese Erfolge jedoch schon bescheidener; hier zeigten sich die Unzulänglichkeit und Begrenztheit der traditionellen Methoden in der Geologie, und es macht sich der geringe praktische Wirkungsgrad stärker bemerkbar. Deshalb wurde die „Mathematisierung" der Geologie nicht nur durch die innere Logik ihrer Entwicklung notwendig, sondern auch durch praktische Erfordernisse hervorgerufen.

A. M. SCHURYGIN bemerkt: „Dieses geologische Wissen entwickelt sich, aber ein beliebiges Modell, das theoretisch entwickelt wurde, veraltet, wenn es nicht umgehend angewendet wird (S. 137). Weil aber die Modelle geologischer Objekte und Prozesse JU. A. KOSYGINs und seiner Mitautoren nicht allgemein anwendbar sind, deshalb sind sie nicht notwendig." Aber der Wahrheitsgehalt eines Modells ergibt sich nicht daraus, ob es die Mehrheit der Gelehrten anerkennt oder nicht, ob sie es „sofort" oder stufenweise anerkennt, sondern daraus, ob das Modell der realen Objektivität entspricht und allgemeine Gesetzmäßigkeiten des Modells und der Objekte existieren. Wenn durch das mathematische Modell das Wesen der verschiedenen Objekte erschlossen wird, so ist es wahr, und zweifelsohne wird es auch Gedankengut der Mehrheit der Wissenschaftler. Der gesamte Verlauf der Entwicklung des menschlichen Wissens zeugt davon.

Den Wahrheitsgehalt eines Modells geologischer Objekte sieht A. M. SCHURYGIN (1968) auch in der Erfüllung der Forderung: „Das Modell soll geologisch sein" (S. 137). Er präzisiert jedoch diese Forderung nicht, sie entspricht bei ihm offenbar der Anschaulichkeit und der maximalen Annäherung an das Objekt. Diese Forderung ist ebenfalls falsch. Abstraktionen höheren Grades, die sich immer mehr vom Objekt entfernen, eröffnen aber gleichzeitig auch immer tiefere Gesetze dieses oder jenes Objektes. LENIN führte in seinen „Philosophischen Heften" an, daß „die Bewegung der Erkenntnis zum Objekt hin immer nur dialektisch vor sich gehen kann: entfernen, um genauer zu erkennen" (S. 275).

A. M. SCHURYGIN stellt die methodische Richtung der Formalisierung geologischer Begriffe, angeführt von JU. A. WORONIN, JU. A. KOSYGIN und anderen, den Arbeiten jener Wissenschaftler gegenüber, die mathematische Methoden auf der Grundlage nichtformalisierter geologischer Begriffe anwenden. Diese zweite Form der Arbeiten ist seiner Meinung nach erfolgreich und nützlich, aber die erste ruft „Zweifel in der Nützlichkeit" hervor. Aber sowohl diese als auch jene Arbeiten sind notwendig. Die Anwendung der Mathematik auf der Grundlage nichtformalisierter geologischer Begriffe erlaubt es, einzelne geologische Aufgaben zu lösen.

Solche Arbeiten, die wahrscheinlichkeitstheoretisch-statistische Methoden anwenden, erlauben, vollständigere und genauere Informationen aus der geologischen Beschreibung zu gewinnen. Eine große Rolle spielt in diesem Rahmen die Mathematik zur Erkundung des Zusammenhangs zwischen geologischen Objekten. So kann mit der Korrelationsanalyse das Auftreten von Abhängigkeiten festgestellt, ihr Abhängigkeitsmaß berechnet und die Abhängigkeit zwischen Komponentenpaaren in einem System mit vielen Komponenten untersucht werden. Interessant sind auch die Arbeiten zur Lösung geologischer Klassifizierungsaufgaben von Objekten nach einem Komplex indirekter Daten, die mit Hilfe von Rechenautomaten gelöst werden.

Aber das ist nur die erste Etappe der Anwendung der Mathematik in einer Wissenschaft. Die mathematische Statistik wird im empirischen Stadium einer beliebigen Wissenschaft als Hilfsrechenmittel angewendet. Jedoch ist die Anwendung der mathematischen, quantitativen Bearbeitung empirischer Daten, die es gestattet, ein Objekt umfassender und unter Berücksichtigung des Zufalls zu analysieren, nicht auf die Vervollständigung der Theorie des Objektes, auf die Entwicklung seines theoretischen Ausbaus gerichtet.

Die zweite Etappe der Anwendung der Mathematik im System der Wissenschaften (AKTSCHURIN 1967) ist eine Modelletappe des mathematischen Wissens, ist der Aufbau abstrakter mathematischer Modelle untersuchter Objekte. Weil diese Etappen der Mathematisierung der Wissenschaft charakteristisch für die Entwicklung des ganzen menschlichen Wissens sind, so ist es kaum anzunehmen, daß die Geologie eine Ausnahme bildet. Deshalb ist die Gegenüberstellung der „mathematischen" Geologie und der Arbeiten zur Formalisierung geologischer Begriffe fehlerhaft. Es sind das vielmehr einzelne gesetzmäßige Stadien der Entwicklung der Wissenschaft. Aber gerade in der zweiten Etappe der Mathematisierung der Wissenschaft soll die heuristische Rolle der Mathematik in der Entwicklung neuer Theorien wirksam werden. Auf der Grundlage der mathematischen Form der Naturgesetze werden oft die Bedingungen für qualitativ neue Verallgemeinerungen vorbereitet. Folglich ist auch die Bedeutung der Arbeit zur Formalisierung geologischer Begriffe unermeßlich groß.

Zum Schluß sei noch folgendes bemerkt. In der Entwicklung des menschlichen Wissens kann man bestimmte Stadien beobachten, die die Tiefe des Eindringens in das Wesen der untersuchten Objekte und Prozesse widerspiegeln. Das erste Stadium ist das empirische, in dem äußere Zusammenhänge zwischen den Objekten erforscht werden. Die Mathematik wird in diesem Erkenntnisstadium als Hilfsmittel für eine quantitative Bearbeitung empirischer Daten angewendet.

Das zweite Stadium ist die theoretische Etappe, in der geordnete Systeme des Wissens und mathematische Modelle der Objekte geschaffen werden. Die Mathematisierung der gesamten Wissenschaft ist eine gesetzmäßige Tendenz der Entwicklung des menschlichen Wissens. Deshalb ist die Mathematisierung der Geologie eine unerläßliche und wichtige Aufgabe ihrer inneren Entwicklung, die auch durch praktische Erfordernisse bedingt ist. Die Erfahrungen der Anwendung der Mathematik in verschiedensten Wissensgebieten beweisen, daß der mathematische Apparat, der solch machtvolle Mittel wie die mathematische Logik, die Informationstheorie und andere darbietet, in der Lage ist, sehr komplizierte Aufgaben zu lösen. Die prinzipielle Möglichkeit der Anwendung der Mathematik zur Untersuchung geologischer Prozesse ergibt sich u. a. logisch daraus, daß das Wesen, die innere Grundlage dieser Prozesse, physikalischer und chemischer Natur sind.

Ein beliebiger Naturprozeß wird nicht durch sein Wesen erschöpft, sondern das letztere wird genügend genau durch die Gesetze der exakten Wissenschaften erschlossen, die fast vollständig mathematisiert sind.

Den Zweifel in die Möglichkeit und Zweckmäßigkeit der Anwendung der Mathematik in der Geologie, den eine Reihe von Wissenschaftlern ausspricht (W. W. Belousow, A. M. Schurygin und andere), wird durch die gesamte Geschichte der Entwicklung der Wissenschaft widerlegt. Notwendig sind Arbeiten, die mathematisch-statistische Methoden in der Geologie anwenden, und Arbeiten zur Formalisierung geologischer Begriffe.

Literatur

Aktschurin, I. A.: Der Platz der Mathematik in einem Wissenschaftssystem. – Wopr. filosofii, Nr. 1 (1967).

Belousow, W. W.: Die Entwicklungswege der Geowissenschaften. In: Sammelband: Das Zusammenwirken der Wissenschaften bei der Erforschung der Erde. – Verl. Nauka (1964).

Borowikow, A. M.: Zum Verhältnis der traditionellen Geologie zur modernen Mathematik und Logik. – Geol. i geofisika, Nr. 4 (1968).

Bubnow, S. N. von: Grundprobleme der Geologie. – Isd. MGU (1960).

Gorskij, D. P.: Über den Prozeß der Idealisierung und seine Bedeutung in der wissenschaftlichen Erkenntnis. – Wopr. filosofii, Nr. 2 (1963).

Klaus, G.: Kybernetik und Philosophie. – M., IL (1963).

Kosygin, Ju. A., Ju. A. Woronin & W. A. Solowjew: Ein Versuch der Formalisierung einiger tektonischer Begriffe. – Geol. i geofisika, Nr. 1 (1964).

Lafargue, P.: Erinnerungen an Marx. – Gospolitisdat, Moskau 1958.

Lenin, W. I.: Philosophische Hefte. – Ges. Werke, 4. Ausg., Band 38.

Nasarow, I. W.: Über die Modellierung geologischer Prozesse. In: Sammelband: Die Leninsche Abbildungstheorie und die Gegenwart. – Swerdlowsk 1967.

Schurygin, A. M.: Zum Problem der Formalisierung geologischer Begriffe. – Sow. geol., Nr. 9 (1968) [1968a].

– Zum Problem der Bedeutung der Modelle in geologischen Aufgaben. – Sow. geol., Nr. 9 (1968) [1968b].

Sidorenko, A. W.: Geologie – die Wissenschaft der Zukunft. – Snanije (1964).

Wasiltschenko, S. F.: Philosophische Aspekte der Formalisierung geologischer Begriffe. – Geol. i geofisika, Nr. 3 (1968).

Geologie und Mathematik. – Verl. Nauka (1967).

Bericht über eine Tagung der IAGOD-IMA sowie der IAGC in Tokyo, Japan

In der Zeit vom 24. 8. bis 6. 9. 1970 fand in Tokyo–Kyoto, Japan, eine gemeinsame internationale Tagung der International Association for the Genesis of Ore Deposits (IAGOD) und der International Mineralogical Association (IMA) statt. Daran schloß sich in der Zeit vom 7. 9. bis 12. 9. 1970 ein internationales Symposium der International Association of Geochemistry and Cosmochemistry (IAGC) an. Dem Autor war die Möglichkeit gegeben, an den Tagungen teilzunehmen. Im folgenden sollen die fachlichen Ergebnisse der beiden Tagungen kurz behandelt werden.

IAGOD-IMA-Tagung

Die IAGOD hielt ihre dritte ordentliche Tagung ab (1963 Praha, 1967 St. Andrews), die IMA ihre siebente Generalversammlung. Es darf als eine glückliche Lösung angesehen werden, eine gemeinsame Tagung beider Assoziationen durchgeführt zu haben, da von der zu behandelnden Thematik her mannigfache Berührungspunkte existierten und auf diese Art der komplexe Charakter der Bearbeitung mineralogisch-lagerstättenkundlicher Probleme bereits von der Organisation her demonstriert war.

Anläßlich der Tagung wurde auf Vor- und Nachexkursionen, die jeweils 4 Tage dauerten, Gelegenheit gegeben, wichtige lagerstättenkundliche und geologische Aufschlüsse Japans kennenzulernen. Die wissenschaftlichen Sitzungen selbst fanden in Tokyo (2 Tage) und in Kyoto (3 Tage) statt.

Eingang des Manuskripts in der Redaktion: 9. 11. 1970.

Die Organisation der Beratungen und Exkursionen war ganz ausgezeichnet, die Gastfreundschaft überwältigend. Die Tagung wurde von ca. 350 Wissenschaftlern besucht. Im Verlauf von 5 Tagen standen 289 Vorträge (!) — z. T. parallellaufend — auf dem Programm, von denen allerdings ein Teil wegen Nichtanwesenheit der Referenten ausfielen. Die Fülle der Vorträge zwang die Organisation, bei der zeitlichen Durchführung strenge Disziplin anzuwenden. Für einen Vortrag waren 10 min, für die Diskussion 5 min vorgesehen. Diese 15 min stellten die äußerste zeitliche Begrenzung dar, die für einen Vortrag zur Verfügung gestellt wurde. Das strenge zeitliche Reglement bot den Vorteil, daß bei parallellaufenden Sitzungen jederzeit der einzelne Teilnehmer den Beratungsraum wechseln und einen anderen Vortrag hören konnte, wobei garantiert war, daß in der Nachbarsektion gegenüber dem Programm keine zeitliche Verschiebung auftrat. Für den Referenten war es allerdings schwer, in nur 10 min das zu behandelnde Problem darzustellen und Lösungsergebnisse vorzulegen. Ein exakt ausgearbeitetes Manuskript sowie klare, übersichtliche Diapositive sind für das Gelingen eines Vortrags unbedingte Voraussetzung gewesen. Jedoch hatte auch der Zuhörer oft Schwierigkeiten, der Fülle des vorgelegten Materials immer mit der nötigen Aufmerksamkeit zu folgen, da bis zu 35 Vorträge pro Tag geboten wurden und die sprachlichen Fertigkeiten der Vortragenden nicht immer völlig befriedigten. Konferenzsprache war englisch. Es müßte — auch von seiten der internationalen wissenschaftlichen Organisationen — unbedingt Wert darauf gelegt werden, daß die dargebotenen Vorträge keinen provinziellen Charakter besitzen, daß klares Anschauungsmaterial gezeigt wird und daß die sprachliche Qualifikation des Vortragenden ausreichend ist. Das Einhalten dieser — an sich normalen — Forderungen würde wesentlich dazu beitragen, internationale Tagungen noch effektvoller zu gestalten.

Zu den Vorträgen

Im Rahmen des Vortragsprogramms der IMA wurden folgende fachlichen Komplexe behandelt:

1. Fortschritte in der kosmischen Mineralogie (6 Vorträge);
2. Prozeß des Wachstums und der Phasenübergänge bei Mineralen (27);
3. Geochemie und Kristallographie sulfidischer Minerale in hydrothermalen Lagerstätten (38);
4. Petrologische Fragen (13);
5. Beschreibende Mineralogie (23);
6. Physikalische und chemische Mineralogie sowie Phasenbeziehungen (26);
7. Kristallographische Probleme (19).

Im Rahmen des Programms der IAGOD fanden Vorträge zu folgenden Problemkreisen statt:

8. Erzlagerstätten in Beziehung zu geologischen Strukturen und der Tektonik (42);
9. Stratiforme Sulfidlagerstätten (29);
10. Erzbildende Fluida und Lösungen in Einschlüssen (42);
11. Genese von Skarnlagerstätten (7);
12. Probleme von Manganformationen (9);
13. Probleme von Mineralparagenesen (8).

Es ist in diesem Zusammenhang nicht möglich, etwa auf Ergebnisse einzelner Vorträge einzugehen. Hier muß auf die von den japanischen Organisatoren geplanten und vermutlich 1971 erscheinenden Sammelbände verwiesen werden, die in je einem Exemplar in der Zentralbibliothek des ZGI, Berlin, vorhanden sein werden. In diesen Sammelbänden sollen sämtliche Vorträge abgedruckt werden.

Bei der Beurteilung der Vorträge überrascht die außerordentliche Vielfalt der Themen; viele Vorträge, vor allem die des IMA-Programms (1—7) waren sehr speziell angelegt. Es wurden sehr viele Beiträge dargeboten, die zur Grundlagenforschung zu zählen sind. Probleme der angewandten Forschung, d. h. solche, deren volkswirtschaftlicher Nutzen in naher Zukunft offenbar wird, sind überraschenderweise nur in relativ geringer Zahl vorgetragen worden. Dabei muß berücksichtigt werden, daß solche Ergebnisse sicher auch bewußt zurückgehalten werden. Die bloße Beschränkung auf Probleme der Grundlagenforschung gilt nicht für die Themenkomplexe 8 und 9. Im Rahmen der Vorträge zu diesen Komplexen wurden Ergebnisse mitgeteilt, die z. B. unmittelbar zur Ableitung von Kriterien für die Suche von Lagerstätten herangezogen werden können. Das Studium der Veröffentlichungen zu diesem Themenkomplex wird für die metallogenetischen Forschungen der DDR von besonderer Bedeutung sein.

Im Zusammenhang damit ist auch im internationalen Rahmen erkennbar, daß bei der Lagerstättenbildung den strukturellen und tektonischen Gegebenheiten und Gesetzmäßigkeiten mehr und mehr Bedeutung beigemessen wird. Das Hauptproblem liegt (wie von uns bereits mehrfach hervorgehoben) in der Erkennung der spezifischen metallogenetischen Funktion eines tektonischen Vorgangs (für syngenetische metallogenetische Prozesse) bzw. eines strukturellen Ergebnisses (für epigenetische metallogenetische Prozesse). In einigen Vorträgen wurde den Kruste-Mantel-Beziehungen erhöhte Aufmerksamkeit geschenkt.

Eine relativ große Zahl von Vorträgen beschäftigte sich mit dem Komplex der stratiformen Lagerstätten, insbesondere des Sulfidtyps. Hierbei wurden die Gesetzmäßigkeiten der Bildung, der geochemischen Entwicklung und die Abhängigkeiten von der paläogeographischen sowie geologisch-tektonischen Position behandelt. Einige der thematisch wichtigsten Vorträge dieses Komplexes seien genannt: K. DUNHAM: Stratabound sulphide deposits — rock association and genesis; W. I. SMIRNOW: The temperature conditions forming of stratabound volcanogenic deposits of pyrite ores; K. H. WEDEPOHL: „Kupferschiefer" as a prototype of syngenetic sedimentary ore deposits; G. H. TAYLOR: Carbonaceous matter — a guide to the genesis and history of ores; J. W. BOGDANOW & M. N. GOLUBCHINA: Isotope composition of sulphide sulphur — important criterion of the genesis of stratiformed copper deposits.

Zu den Exkursionen

Der japanische Inselbogen als Teil des zirkumpazifischen planetaren Faltenstrangs ist geologisch und metallogenetisch gesehen relativ jung. Seine Lagerstätten wurden während der mesozoischen und vor allem während der känozoischen Ära gebildet. Von der geologisch sehr jungen magmatischen Tätigkeit zeugen eine große Anzahl von Thermalquellen und jüngste vulkanische Eruptionen, so z. B. der Showa-Shinzan-Vulkan südlich des Toya-Sees auf der am nördlichsten gelegenen Insel Hokkaido, der in der Zeit vom 28. 12. 1943 bis zum September 1945 zum letztenmal gesteinsbildend aktiv war.

Vom Autor wurden im Verlauf einer Vorexkursion geologische Aufschlüsse und Lagerstätten auf der Insel Hokkaido besucht, während einer Nachexkursion solche auf der Hauptinsel Hondo, westlich Kyoto (Abb.). Im folgenden sollen die wichtigsten Parameter der Lagerstätten zur Information mitgeteilt werden:

1. Blei-Zink-Lagerstätte Toyoha

Sie liegt ca. 40 km südwestlich von Sapporo, Hokkaido. Es handelt sich um ein polymetallisches gangartiges epithermales Vorkommen miozänen Alters. Die Mächtigkeit der Gänge variiert im Intervall zwischen 0,5—20 m bei einem Durchschnitt von 2,5 m. Die Erze haben mittlere Gehalte von 7,1% Zn, 3,1% Pb, 14,0% S und 110 g Ag/t. Die Grube produziert monatlich 60000 t Roherz; daraus werden 1990 t Blei, 5500 t Zink und 8200 t Pyritkonzentrat hergestellt. Die Grube zählt zu den bedeutendsten Blei-Zink-Gruben Japans. Das Ausbringen beträgt für Pb 90%, Zn 94% und Ag 60%.

2. Schwefellagerstätte Horobetsu

Sie liegt 10 km östlich des Toyasees, Hokkaido. Das lagerartige Vorkommen ist in pliozänen andesitischen Laven und Tuffen lokalisiert und besteht vorwiegend aus Pyrit, Markasit und Schwefel sowie Sb-Bi-Sulfiden, von denen das erst 1955 aufgefundene neue Mineral Horobetsuit $(Sb, Bi)_2S_3$ das bemerkenswerteste ist.

3. Gold-Silber-Lagerstätte Chitose

Sie liegt ca. 5 km westlich vom Shikotsusee, Hokkaido. Die polymetallische Ag-Au-führende Mineralisation setzt in Gängen auf und wird genetisch mit miozänem Vulkanismus in Verbindung gebracht. Es werden monatlich 4000 t Roherz mit Gehalten von 16 g Au/t und 50 g Ag/t gefördert. Seit 1933 wurden 1,21 Mill. t Roherz gewonnen und daraus 16,5 t Gold sowie 81,5 t Silber produziert.

4. Uranlagerstätte Ningyo-Toge

Sie liegt ca. 300 km westnordwestlich von Kyoto. Bei dieser Lagerstätte handelt es sich um eine vermutlich epigenetisch-infiltrative Urananreicherung in einem Konglomerathorizont, der erodiertem Granit auflagert. Die stärksten Anreicherungen sind in ca. 1—2 km langen und etwa 100 m breiten Rinnen ausgebildet. Je mächtiger der Konglomerathorizont ist, um so geringer sind die Urangehalte und umgekehrt. Das Alter der Vererzung ist tertiär. Das einzige primäre Erzmineral ist Ningyoit: $CaU(PO_4)_2 \cdot 2H_2O$. Pechblende tritt nicht auf. Der U_3O_8-Gehalt liegt im Durchschnitt bei 0,3—0,5%, kann aber örtlich auf 5% ansteigen. Die Mächtigkeit des erzführenden Horizonts schwankt zwischen 0,1 und 3 m.

In bestimmten Gebieten erfolgte eine sekundäre Oxidation. Dort tritt dann Autunit auf. Die Gehalte der 2—3 m mächtigen Schicht liegen hier bei 0,1—0,2% U_3O_8.

Zur Zeit wird eine völlig neue Aufbereitung eingerichtet. Es sollen 50 t Roherz/Tag durchgesetzt werden. Das Ausbringen ist mit 85% projektiert. Die Aufbereitung wird noch 1970 in Betrieb genommen.

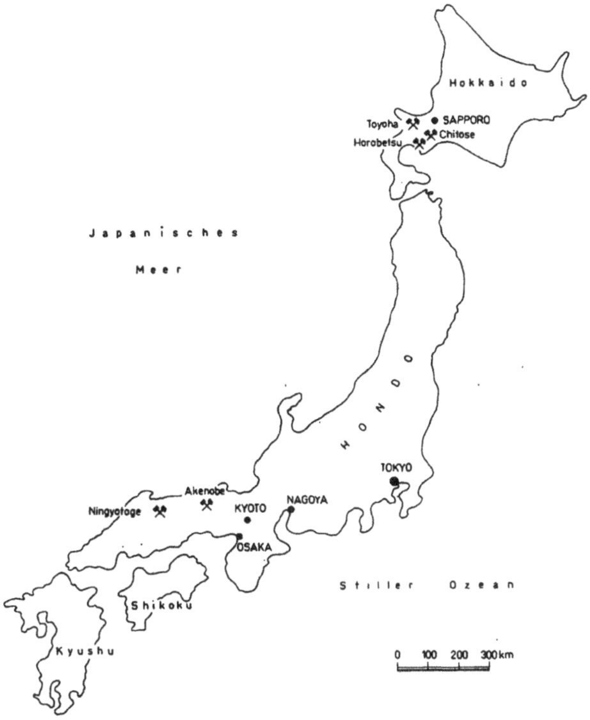

5. Polymetallische Sn-W-Lagerstätte Akenobe

Sie liegt ca. 100 km nordwestlich von Kyoto. Die bereits seit 1000 Jahren auf Zinn und Kupfer betriebenen Gruben bilden ein gebietsmäßig relativ großes Erzrevier. Die in Gängen auftretenden Vererzungen sind zonal angeordnet, wobei im Zentrum die Sn-W-Mineralisationen, in der Peripherie die polymetallischen überwiegen. Bemerkenswert ist der komplexe Charakter der Vererzung. Haupterzminerale sind Kassiterit, Wolframit, Scheelit, Chalkopyrit, Bornit, Sphalerit, Galenit; Hauptgangarten sind Quarz, Fluorit, Chlorit, Kalzit. Die im Erzgebirge auf vielen, unterschiedlich streichenden Gänge verstreuten Paragenesen sind hier praktisch auf jeweils einer Gangspalte, die allerdings kompliziert aufgebaut ist, konzentriert.

Es wird angenommen, daß die Vererzung genetisch mit kretazischer oder frühtertiärer magmatischer Tätigkeit verbunden ist, wobei eine Beziehung zu Granitoiden, die z. T. zutage ausbeißen und in der Tiefe in größerer Menge vermutet werden, recht wahrscheinlich ist.

Es werden monatlich 30500 t Roherz mit 1,92% Cu, 2,08% Zn und 0,26% Sn gefördert. Im gesamten Erzrevier sind 850 Arbeiter und Angestellte beschäftigt.

IAGC-Symposium

Das Symposium der IAGC war ausschließlich Problemen der Hydrogeochemie und der Biogeochemie gewidmet. Die Vorträge liefen parallel. Die Anzahl der Vorträge war nicht so groß wie die der IMA-IAGOD-Tagung. Die Festlegung der Redezeit auf 30 min war Voraussetzung für eine intensivere und dadurch interessantere Diskussion. Der Diskussion förderlich war auch der insgesamt kleinere Teilnehmerkreis, der pro Sektion ca. 50—80 Personen betrug.

Im Rahmen des Symposiums wurden folgende fachliche Komplexe behandelt:

Hydrogeochemie

1. Wasser und seine Bedeutung bei der Entwicklung der Erde (6 Vorträge);
2. Entstehung und Natur von Thermalwässern und hydrothermalen Prozessen (21);
3. Radiochemische Probleme in der Hydrosphäre einschließlich Geochronologie (6);
4. Oxidations-Reduktions- und Präzipitationsreaktionen (11);
5. Luft-Wasser-Reaktionen (9);
6. Hydrogeochemie in polaren Regionen (6).

Biogeochemie

7. Stickstoff- und Kohlenstoffzyklus (7);
8. Entstehung des Lebens, Paläobiogeochemie (8);
9. Biogeochemische Aspekte des natürlichen Gases, Erdöls, der Kohle sowie biogene Minerale (7);
10. Biogeochemische Effekte der menschlichen Aktivitäten (7);
11. Biogeochemie in Böden (12);
12. Biogeochemie in der Hydrosphäre (14).

Die Vorträge zeigten, daß im internationalen Maßstab ein bedeutender Schwerpunkt der geologischen und insbesondere der geochemischen Arbeiten das Wasser darstellt. Es wird dabei davon ausgegangen, daß die wäßrige Substanz praktisch in allen Fällen die geologisch-biologisch-metallogenetische Entwicklung beeinflußt und vor allem zur Lagerstättenbildung und -umbildung direkt beigetragen hat. Die wäßrige Substanz wird sowohl in Form ihres natürlichen Auftretens (Meer, Flüsse, Grundwasser, Porenwasser, Inklusionen, Exhalationen) untersucht als auch als Reaktionsobjekt bei künstlich angelegten Prozessen zum Studium der Gleichgewichtsbeziehungen in wäßrig-festen Systemen.

Weiterhin ist in einer Reihe von Vorträgen die organische Materie Untersuchungsobjekt gewesen, wobei einerseits ihre Eigenschaft als Elementkonzentrator, andererseits als Fazies- und Lagerstättenindikator herausgearbeitet wurde.

Aus vielen Vorträgen war ersichtlich, daß bei der Auswertung in starkem Maße mathematisch-statistische Methoden herangezogen wurden. Es gab auch einige Ansätze des Erfassens lagerstättenbildender Prozesse als System. Jedoch gingen diese Ansätze nicht über die Behandlung der theoretischen Grundlagen hinaus.

Recht aufschlußreich waren Vorträge zum Thema 4, die Reduktions-Oxidations-Problemen gewidmet waren. So wurde z. B. von W. M. EDMUNDS in seinem Vortrag „Trace element variations across an oxidation-reduction barrier in a limestone aquifer" die Verteilung von 20 Spurenelementen im Grundwasser des mitteljurassischen Lincolnshire-Kalksteins (Ostengland) behandelt. Bei einem sich etwa 30 km erstreckenden Profil tritt an einer bestimmten Stelle des wäßrigen Mediums ein starker Sprung des Eh-Wertes auf, der mit der Anreicherung und Verarmung bestimmter Spurenelemente unmittelbar korrespondiert. Solche Erscheinungen sind für hydrogeochemisch-metallogenetische Betrachtungen von besonderem Interesse.

Geschäftssitzungen

Im Verlauf der Tagungen wurden Council-Sitzungen der beteiligten Assoziationen sowie Beratungen der Arbeitsgruppen durchgeführt. Die nächste ordentliche Tagung der IAGOD findet voraussichtlich im September 1974 in Warna, VR Bulgarien, statt. Der nächste internationale Kongreß der IAGC wird in Verbindung mit der Akademie der Wissenschaften der UdSSR für den 20.—25. Juli 1971 nach Moskau einberufen. Dort sollen geochemische Probleme magmatischer, hydrothermaler, sedimentärer und metamorpher Prozesse behandelt werden. Im Verlauf der IAGC-Tagung ist durch die Initiative von Prof. WALJASCHKO, Moskau, eine Arbeitsgruppe „Hydrogeochemie" gegründet worden, die Standardisierungsfragen, Analyse von Wässern und Interpretation der Ergebnisse, Studium der Beziehungen Wasser: Gestein unter verschiedenen Temperaturen und Drücken sowie Probleme der Isotopenverteilung bearbeiten soll.

Die Organisation der IMA-IAGOD-Tagung stand unter der Leitung von Prof. T. WATANABE, Tokyo, die des IAGC-Meetings unter der von Prof. Y. MIYAKE, Tokyo. Beiden Herren sowie den übrigen Mitgliedern des Organisationskomitees und den an den Exkursionen beteiligten japanischen Kollegen ist herzlich zu danken für die Mühe, die Sorgfalt und die Umsicht zur Vorbereitung und Durchführung der Tagungen. Ihnen gebührt auch deswegen Dank, weil den Teilnehmern nicht nur ein Höchstmaß an Organisiertheit während der Beratungen selbst geboten wurde, sondern sie auch — vor allem während der Exkursionen — einen nachhaltigen Einblick in das Leben der japanischen Menschen erhielten. GERHARD TISCHENDORF

17. Jahrestagung der Deutschen Gesellschaft für Geologische Wissenschaften

Vom 19. bis 23. Oktober 1970 hielt die Deutsche Gesellschaft für Geologische Wissenschaften in Dresden ihre 17. Jahrestagung ab, die laut neuem Statut der Deutschen Akademie der Wissenschaften zu Berlin zugeordnet ist und die ehrenvollen Traditionen fortschrittlichen geologischen Wirkens von E. BEYRICH, L. v. BUCH, R. v. CARNALL, CH. G. EHRENBERG, I. EWALD, H. GIRARD, A. v. HUMBOLDT, C. KARSTEN, E. MITSCHERLICH, J. MÜLLER, G. ROSE, CH. S. WEISS u. a. fortsetzt.

Der Tagungsablauf gliederte sich in ein Vortragsprogramm, für das der 19., 20. und 21. Oktober zur Verfügung standen, die Mitgliederversammlung am 21. Oktober und ein Exkursionsprogramm, das mit ein- und zweitägigen Exkursionen am 22. und 23. Oktober absolviert wurde. Von den insgesamt 1266 Mitgliedern der Gesellschaft nahmen über 300 an den Sitzungen und Exkursionen der Jahrestagung teil, deren Gesamtleitung in den Händen des Vorstands, insbesondere des Vorsitzenden, Prof. Dr. OLSZAK, Dr. JUBITZ und des wissenschaftlichen Sekretärs Dipl.-Min. LAMPRECHT lag.

Das Rahmenthema „Tendenzen und Gesetzmäßigkeiten der Erd- und Lebensgeschichte — Stoff, Raum, Zeit und Leben" war weit gespannt und bot die Möglichkeit, den wissenschaftlichen Erfordernissen der Gegenwart nach einem neuen Durchdenken der Grundprobleme der Geologie gerecht zu werden. Die angestellten Überlegungen und die Ausführungen über die Klärung gesetzmäßiger Zusammenhänge erhielten ihre spezielle Note durch die engen Beziehungen zu dem LENIN-ENGELS-Gedenkjahr. Sie entsprachen dem Grundanliegen der Gesellschaft nach einer gezielten Aus- und Weiterbildung ihrer Mitglieder innerhalb des sozialistischen Bildungssystems. Thematischer Schwerpunkt hierbei war die Stoff: Raum-Beziehung als sinnvolle Fortsetzung des STILLEschen Prinzips der Raum(Bau): Zeit-Beziehung. Die Realisierung der Tagungsthematik zeigte die sehr engen Grenz- und Querschnittsbeziehungen zwischen dem naturwissenschaftlichen und dem gesellschaftswissenschaftlichen Erkenntnisprozeß. Innerhalb der Behandlung der Grundfragen marxistisch-leninistischer Naturphilosophie bilden Theorie und Praxis eine echte dialektische Einheit, die für die Arbeit des Geowissenschaftlers weiter erforscht werden muß und die es gezielt zu nutzen gilt.

Die Folgerungen der Tagung gehen hinsichtlich der Systembeziehungen geologischer Prozesse und im Hinblick auf den Erkenntnisvorgang der Klärung dieser Beziehungen weit über den Rahmen der Jahrestagung hinaus und bilden prognostisch bereits die Grundlage für praktische Arbeiten des gesellschaftlichen Auftrags von morgen.

Die nachfolgenden Vortragsreferate geben in Umrissen das Wesentliche der behandelten Probleme wieder.

H.-J. TREDER, Leipzig

Zur Entstehung und Entwicklung der Erde als Planet
Teil I — Kosmogenie und Geogonie

Die astronomische Forschung der letzten Jahrfünfte hat gezeigt, daß die Entwicklung der Planetensysteme ein normaler Prozeß in Frühphasen der Sternenentwicklung ist. Die Entstehung von Planetensystemen ist eine Möglichkeit, mit der der Protostern einen Großteil seines Drehimpulses abwerfen kann. Ob Doppel- oder Mehrfach-Sternensysteme entstehen oder Planetensysteme, hängt davon ab, ob rein hydrodynamische oder magnetohydrodynamische Prozesse ausschlaggebend sind.

Die Astrometrie erdnaher Fixsterne (v. d. KAMP) hat gezeigt, daß etwa die Hälfte aller erdnahen Fixsterne ein Planetensystem besitzen dürfte. Die übrigen Fixsterne sollen Mehrfachsysteme sein.

Die Entwicklung der Erde ist ein irreversibler Prozeß, jedoch ist die Erde kein abgeschlossenes System. Sie steht in Strahlungsaustausch, aber auch (besonders in den Frühphasen) in einem Stoff- und dynamischen Austausch mit ihrer kosmischen Umwelt. Die Historizität der Erdgeschichte folgt aus den zeitlich veränderten Bedingungen, unter denen die unveränderten elementaren Naturgesetze wirken.

Als ein Kapitel von „selbst erlebter" Kosmologie beweisen die Geowissenschaften gemeinsam mit der Astrophysik zeitliche Universalität der physikalischen Elementargesetze.

R. LAUTERBACH, Leipzig

Zur Entstehung und Entwicklung der Erde als Planet
Teil II — Paläogeophysik

Ein Überblick über die Paläogeophysik (LAUTERBACH 1956) zeigt, inwieweit die aktuellen geophysikalischen Felder, Prozesse und Strukturen in die erdgeschichtliche Vergangenheit zurückverfolgt werden können. Dies geschieht für die feste Erde (spezielle Paläogeophysik), die Wasserhülle der Erde (Paläo-Ozeanographie, Paläohydrologie und Hydrographie, Paläolimnologie) sowie die Atmosphäre (Paläoklimatologie, Paläotemperaturmessung, Paläo-Aerologie). Auch Fragen der absoluten Erdzeitmessung wurden gestreift.

Der Abriß umfaßt auch eine kurze Würdigung der paläogeophysikalischen Informationskanäle, die sehr heterogen sind. Sie werden durch Methoden und Ergebnisse aus den Bereichen der Physik, Geophysik, Petrophysik, Chemie, physikalischen Chemie, Geochemie, Geologie, Lithologie, Petrologie, Paläontologie und Biologie repräsentiert, wenn man unter Geophysik in weiterem Sinne auch die Physik der Atmosphäre und Ozeane verstehen will.

Die Paläogeophysik wird zunehmend nicht nur für die Klärung vieler Probleme von erdgeschichtlicher Bedeutung eine Rolle spielen, ihr kommt auch prognostische Bedeutung insofern zu, als die Wechselwirkung physikalischer Felder mit Prozessen der Stofftrennung oder -anreicherung oder mit der lebenden Zelle oder mit Vorgängen der Atmosphäre bzw. Hydrosphäre von Wichtigkeit ist.

H. KÖLBEL, Berlin

Zur absoluten Dauer geologischer Ereignisse

Neben der Gliederung der Gesteinsfolgen nach lithologisch petrographischen, biologischen und tektonischen Gesichtspunkten hat die absolute Geochronologie, haben die physikalischen Altersbestimmungen auf Grund der Radiometrie und des Paläomagnetismus seit 1958—1960 zunehmende Bedeutung erlangt, was vor allem der Einführung der Kalium-Argon- und der Rubidium-Strontium-Methode zu verdanken ist. Besonders wichtig ist dieser Fortschritt für das Kryptozoikum (Präkambrium), da für dieses sogar das relative Alter nach der Biostratigraphie erst für Gesteine vom jüngsten Proterozoikum an feststellbar ist. Aber auch für fossilarme Folgen des Phanerozoikums können sich wertvolle Hinweise aus dem absoluten Alter — zum Beispiel von

Glaukonit in Sedimentgesteinen oder von Vulkaniten — ergeben. Gemessen wird das letzte Auskristallisieren der benutzten Minerale, das offenbar vorwiegend (aber nicht nur) an Zeiten der Tektogenese gebunden ist.

Eine Statistik der Anzahl der vorliegenden Alterswerte für aufeinanderfolgende, relativ kurze Zeitabschnitte, als Säulendiagramme oder als Kurve dargestellt, läßt periodische Häufungen zu gewissen Zeiten und geringe Häufigkeiten in den Zwischenzeiten erkennen, wie dies für einzelne große Gebiete und für die ganze Erde GASTIL (1960) — 413 Daten —, SABINE, WATSON u. a. (1965) — 1600 Daten — und nach dem Stande von 1965 KÖLBEL — 3693 Daten — nachweisen konnten. Wie GASTIL folgerte, pflegen Mineralalter für Magmatite und Metamorphite aus allen Teilen der Erde in denselben Abschnitten zyklischer Häufung aufzutreten. Es ergibt sich eine Art „Gleichzeitigkeitsregel" für länger währende tektogene Vorgänge, aber nicht in dem Sinne, daß diese überall gleich lange und gleichzeitig gewirkt hätten, sondern daß sie dort, wo sie auftraten, irgendwann innerhalb der gleichen größeren Zeitabschnitte erfolgten. Für die ganze Erde ergeben sich Großzyklen mit einer Dauer von etwa $400 \cdot 10^6$ a (Jahren heutiger Länge), deren jeder sich zusammensetzt aus einer Zeit erdweiter relativer Ruhe und einer Zeit relativer Unruhe. Je zwei solche Großzyklen scheinen, infolge geringerer Ausprägung der Ereignisse in dem ersten, eine übergeordnete Gruppe zu bilden. Diese Gesamtzeit zweier Großzyklen entspräche wohl einem Megachron STILLEs mit der Dauer von etwa $800 \cdot 10^6$ a; und zwar entspräche der Zeit erdweiter relativer Ruhe zu Beginn eine Zeit besonders ausgedehnter Tafeln (Megagäa nach STILLE) ohne Orthogeosynklinalgebiete, der Zeit relativer Unruhe im folgenden eine Zeit der Bildung neuer Orthogeosynklinalgebiete (Umbruch nach STILLE) und der Tektogenesen sowie zeitweiliger Regenerationen. Die einzelnen geotektonischen Zyklen waren auf den bisherigen Diagrammen der Alterswerte nicht deutlich zu unterscheiden — mit Ausnahme des jüngsten, des alpidischen. Nach RUBINSTEJN (1967) lassen sich jedoch für das letzte Megachron nicht nur die Zyklen, sondern sogar die hauptsächlichen Phasen der Tektogenese (Orophasen), in planetarem Maßstabe gleichzeitig, mit einer geschätzten Dauer von 3 bis $5 \cdot 10^6$ a und getrennt durch Intervalle (Senkungsphasen) der Größenordnung von 5 bis $25 \cdot 10^6$ a deutlich erkennen.

Für das Kryptozoikum gilt die dem „Grundriß der Geologie der DDR", Band 1 (1968), beigegebene Anlagentabelle 1, mit einigen nomenklatorischen Änderungen für die Osteuropäische Tafel nach BOGDANOV (1969), für das Phanerozoikum die Tabelle der Internationalen Kommission für Geochronologie von 1966 (Geologie, **17**, 210—215) bzw. die auf ihr fußende Anlagentabelle 2 des „Grundrisses der Geologie der DDR", Band 1.

T. KAEMMEL, H.-J. BEHR, D. FRANKE, Berlin, und R. HANKE, J. PILOT Freiberg (Sa.)

Stand der Geochronologie, speziell der kernphysikalischen Altersbestimmung, in der DDR

Ausgehend vom Stand der Erarbeitung der internationalen geochronologischen Skala und der in der DDR erreichten Methodik auf dem Gebiet der Radiogeochronometrie wurde über die Beiträge, die durch die kernphysikalische Altersbestimmung zur regionalen Geologie der DDR erzielt worden sind, berichtet.

Es wurden die an Salzgesteinen, Rhyolithen, Plutoniten und Metamorphiten erzielten Ergebnisse dargelegt. Fünf Hauptetappen der thermischen Aktivität können auf dieser Basis ausgegliedert werden, die vorkarbonischen jedoch ohne große Zuverlässigkeit. Die Buntmetallmineralisation erweist sich zeitlich nicht an den posttektonischen sauren Plutonismus gebunden, sondern an eine tiefgehende Bruchtektonik, an die auch der silesisch-unterpermische Vulkanismus geknüpft ist. Ein Teil der Mineralisation tritt erst im Zechstein und Mesozoikum auf. Saxonische Ereignisse können mehr oder weniger scharf durch Datierung von Langbeiniten und Polyhaliten in Salzen und Kalifeldspäten in Rhyolithen fixiert werden. Unter günstigen Umständen spiegeln diese Werte jedoch das Alter der Erstarrung bzw. der Frühdiagenese wider.

K. ROTHER, Potsdam

Paläomagnetismus als geochronologische Methode

Die Gesteine erhalten durch das Einwirken des Erdmagnetfelds während ihrer Entstehung eine Magnetisierung, die als charakteristische Eigenschaft der Gesteine angesehen werden kann. Es ist also möglich, bei entsprechender Untersuchung des magnetischen Verhaltens der Gesteine bestimmte Rückschlüsse auf die Geschichte derselben zu ziehen. Grundvoraussetzung für die Glaubwürdigkeit aller Ergebnisse ist die Annahme, daß, ebenso wie in der Gegenwart, auch in der Vergangenheit die Konfiguration des Erdmagnetfelds einem axialen geozentrischen Dipol entsprach.

Die bisher erhaltenen Ergebnisse zeigen, daß die Magnetisierungsrichtung in den Gesteinen für die verschiedenen Formationen unterschiedlich ist, das heißt, daß die Pole des Erdmagnetfelds relativ zu den Gesteinsverbänden gewandert sind. IRVING hat mittels einer Statistik für die Meßwerte der ganzen Erde nachgewiesen, daß es sich nicht um zufällige Streuungen handelt, sondern daß die Werte abhängig von Ort und Zeit variieren. Daraus ergibt sich für die Geologie die Möglichkeit, vor allen Dingen Gesteine zu datieren, auf die die herkömmlichen Methoden der relativen Altersbestimmung nicht anzuwenden sind, das heißt, Sedimente altersmäßig zu erfassen, in denen keine Fossilien enthalten sind, oder magmatische Gesteine einzustufen, die wiederum in nicht einwandfrei datierten Ablagerungen eingeschaltet sind.

Die Auflösung dieser Altersbestimmung ist zumindest für die älteren Formationen vorläufig noch relativ gering. Man kann also die untersuchten Gesteine höchstens einem System, nicht aber einer kleineren Zeiteinheit zuordnen. Für die jüngeren Ablagerungen ergeben sich schon bessere Möglichkeiten. So kann man z. B. mit Hilfe eindeutig nachgewiesener Inversionen des Erdmagnetfelds innerhalb des oberen Tertiärs eine Untergliederung dieses Systems vornehmen.

Der Vergleich der Werte der internationalen Literatur mit denen, die aus Gesteinen der DDR gewonnen wurden, zeigt Übereinstimmung. Das Spektrum der für diese Methode verwendbaren Gesteine ist relativ groß. An einem speziellen Beispiel kann gezeigt werden, daß ein Granit durch paläomagnetische Untersuchungen an seinem Kontakt datiert werden kann.

G. KATZUNG, Berlin

Zyklizität und Rhythmizität sedimentärer Abfolgen, speziell Flysch und Molassen des inneren Varistikums

Detaillierte Untersuchungen der Zyklizität sedimentärer Abfolgen sind vor etwa 50 Jahren in Europa und Nordamerika gleichzeitig aufgenommen worden. Damals wurden auch die Definitionen begründet. Es wird rein beschreibend zwischen Rhythmen und Zyklen unterschieden, je nachdem, ob zwei oder mehrere lithologische „Phasen" die wiederkehrende Folge aufbauen. Der Rhythmus wird bestimmt durch die identische Wiederholung von Dual-Folgen, während der Zyklus als ein „Kreislauf" über mehrere Stationen zurück zum Ausgangspunkt aufgefaßt wird. Es werden symmetrische und asymmetrische Zyklen, bei letzteren Sohl- und Dachbanktypen bzw. progressive und rezessive Folgen, auch positive und negative Sequenzen unterschieden.

Aus paläogeographischer Sicht sind zyklische Abfolgen vor allem zwischen Beckenrand und Beckenzentrum entwickelt. Sie sind zuerst aus Tafelsedimenten, dann auch aus Flysch und Molasse sowie aus Sedimentserien der frühen Geosynklinalstadien beschrieben worden.

Im variszischen Flysch ist die Zyklizität gut im Thüringisch-Vogtländischen Schiefergebirge, im Oberharz und am Ostrand des Rheinischen Schiefergebirges untersucht. Zyklischen Molasseserien sind sowohl am Außenrand des Variszischen Orogens als auch aus den Innensenken (Innersudetische Senke, Saarsenke, Döhlener Becken u. a.) bekannt. Während es sich im Flysch bei den Kleinzyklen fast durchweg um Sohlbanktypen handelt, treten in den hier näher betrachteten Innenmolassen sowohl Sohl- als auch Dachbanktypen auf. Der großzyklische Ablauf vom

Beginn der Flysch- bis zum Ende der Molassesedimentation zeigt zuerst deutlich rezessive, dann gemischte und zuletzt progressive Tendenzen.

E. GRUMBT, Jena

Beziehungen zwischen Sedimentationsprozeß und Gefüge

Die physikalisch-chemischen, biologischen, geographischen, klimatischen und tektonischen Bedingungen, die auf den Ablagerungsvorgang von Sedimenten und deren Diagenese von Einfluß sind, finden im Stoffbestand, in den Gefügen und einigen sonstigen Merkmalen der Sedimente ihren Niederschlag. Bei klastischen, weitgehend fossilfreien Ablagerungen stellen die Gefüge besonders wichtige sedimentologische Merkmale dar, die vielfach Rückschlüsse auf das Bildungsmilieu und damit die Genese der Sedimente gestatten.

Die vorgetragenen Betrachtungen beschränkten sich in erster Linie auf Schichtgefüge. Hierbei handelt es sich um die wichtigste Gruppe textureller Eigenschaften klastischer Sedimente. Von einigen rezenten und subrezenten Vorkommen ausgehend, wurde zunächst die Bedeutung der Schichtungstypen für die Milieuanalyse fossiler Ablagerungen untersucht. Das Hauptinteresse gilt vertikalen und horizontalen Texturabfolgen, d. h. trendartigen Veränderungen der Schichtgefüge in verschiedenen Dimensionen. Ein an Hand von Beispielen aus dem Buntsandstein Südwest- und Südthüringens abgeleitetes „Ordnungsprinzip" kann nach den bisherigen Erfahrungen auf andere ähnliche klastische Sedimente übertragen werden.

Als Ursachen für die Texturabfolgen in Beckenablagerungen vom Molassetyp kommen in erster Linie im Sedimentationsprozeß selbst begründete Veränderungen in Betracht, insbesondere der Anstieg bzw. Abfall der Transportenergie, Änderungen der Beckentiefe, des Milieus, mittelbar auch paläoklimatische Schwankungen. Die Summe dieser exogenen Faktoren ist über längere Zeit hinweg aber ganz sicherlich entscheidend von Veränderungen des Paläoreliefs und somit letztlich vom tektonischen Geschehen abhängig.

G. SCHWAB, R. BENEK, Berlin, und R. MEIER, Potsdam

Stoffbestand und Mächtigkeitsentwicklung im Tafeldeckgebirge als Grundlage der tektonischen Rayonierung

Ausgehend von der Definition CHERASKOWs, wonach das Ziel der tektonischen Rayonierung eine Abgrenzung und Gliederung von Strukturteilen unterschiedlicher tektonischer Mobilität ist, werden Kriterien und Methoden behandelt, um aus dem aus Stoffbestand und Mächtigkeitsentwicklung abgeleiteten tektonischen Verhalten der einzelnen Struktureinheiten Rückschlüsse auf den zugrunde liegenden tektonischen Bauplan zu ziehen. Hierbei wird auf eine Reihe von Aspekten verwiesen, die es nützlich erscheinen lassen, das vorhandene reiche Untersuchungsmaterial aus dem Deckgebirge der Nordostdeutschen Senke einer formationellen Analyse im Sinne SCHATZKIJs zu unterziehen.

A. B. RONOW, UdSSR

Allgemeine Entwicklungstendenzen in der Zusammensetzung der äußeren Erdhülle

In dem Vortrag wurde umfangreiches Material über die Zusammensetzung und die stofflichen Proportionen von kristallinen Gesteinen aus Schilden und von Deckgebirgssedimenten der Russischen und Nordamerikanischen Tafel sowie angrenzender Geosynklinalgebiete vorgelegt. Bei der Interpretation dieser und einiger anderer Unterlagen zeigte es sich für weit gefaßte stratigraphische Komplexe (Archaikum bis Meso-Känozoikum), daß die wichtigsten Trends in der Evolution der petrographischen und chemischen Zusammensetzung sowohl der erodierten als auch der wieder sedimentierten Gesteine zu erkennen sind.

Außerdem wurden Schemata über die Entwicklung atmosphärischer Gase und des Anionen- und Kationenhaushalts im Meerwasser skizziert. Die Wechselbeziehungen stofflicher Entwicklungen der äußeren Erdhülle und ihr Einfluß auf die Entwicklung des Lebens wurde gezeigt.

H. THIERGÄRTNER, Berlin

Zur systemgerechten mathematischen Fassung und rechentechnischen Behandlung geologischer Stoffbeziehungen

Die Stoffbeziehungen innerhalb geologischer Körper und zwischen ihnen sind durch vielfältige Einzelerscheinungen chemischer, physikalischer, biologischer, geologischer Natur und durch zahlreiche qualitative, quantitative, räumliche und zeitliche Relationen ausgezeichnet. Das wird besonders bei Sedimentgesteinen deutlich. Die moderne geologisch-geochemische Forschung und Erkundung orientiert sich zunehmend auf die Untersuchung komplexer Teile.

Systemgerechte Arbeiten werden die Gesetzmäßigkeiten natürlicher stofflicher Systeme am besten aufdecken. Der Einsatz mathematischer Methoden, der hierbei bisher vorwiegend auf Einzelverfahren ausgerichtet wurde, tendiert ebenfalls in Richtung auf eine systemorientierte, komplexe mathematische Analyse und Fassung der geologischen Stoffbeziehungen. Am Beispiel von Verfahren, die sich zum Studium von Sedimentpaketen eignen, läßt sich das ableiten. Die so gewonnenen Ergebnisse ermöglichen eine höhere Qualität der Erforschung geologisch-geochemischer Prozesse und Erscheinungen. Darin besteht der erkenntnistheoretische und geologisch-ökonomische Nutzen der systemgerechten Arbeitsweise.

In Übereinstimmung mit der Schaffung mathematischer Methodenkomplexe und der mathematischen Fassung geochemischer Systeme werden Programmsysteme für die rechentechnische Abarbeitung der systemorientierten mathematischen Algorithmen entworfen. Sie gestatten den Problemen besser angepaßte Untersuchungen geologischer Stoffbeziehungen. Zugleich gewährleisten sie eine Integration in das im Entstehen befindliche System der geologischen Datenverarbeitung.

H. TONNDORF, Karl-Marx-Stadt

Geochemische Barrieren als Lagerstätten bedingende Systeme

Geochemische Barrieren sind nach PERELMAN solche Bereiche der hypergenen Zone, in denen sich durch die Veränderung der physikochemischen, der thermodynamischen oder mechanischen Bedingungen des Milieus die Migrationsintensität bestimmter Elemente schlagartig verringert. Daher spielen derartige Systeme für die Entstehung von Erzlagerstätten eine überragende Rolle. Aus der Vielzahl möglicher Barrierentypen wird das Wesen der Reduktionsbarriere veranschaulicht. Ihre Wirkungsweise beruht auf der Tatsache, daß Buntmetalle, die gelöst in einem wäßrigen Oxidationsmilieu vorliegen, zur Ausfällung und Anreicherung gezwungen werden, sobald sie an ein System geraten, das reich an Reduktionsmitteln ist. Die geologischen Spuren und Resultate, die diese Prozesse in sedimentären Formationen hinterlassen können, wurden an einigen Beispielen aus dem In- und Ausland abgehandelt. Dabei zeigt es sich, daß ein und derselbe geochemische Vorgang in Abhängigkeit vom geologischen Milieu, in dem er sich vollzieht, zu den vielfältigsten Ergebnissen führen kann. Es wurde angedeutet, welche Probleme sich einstellen, falls es darum geht, das elementkonzentrierende Wechselspiel zwischen Barriere und Umgebung in die geologische Entwicklung des Gebiets einzuordnen. Man erkennt bei einer solchen Fragestellung, wie kompliziert die Parameter Raum, Zeit und Stoff, denen die Vortragsreihe gewidmet ist, gerade auf diesem Arbeitsgebiet miteinander verknüpft sind.

J. EIDAM und R. SEIM, Greifswald

Zur Elementverteilung in magmatischen Intrusionen granitoider Gesteine

In den letzten Jahren sind Detailstudien zur Ermittlung der räumlichen geochemischen Verteilungsgesetzmäßigkeiten in geologischen Körpern mittels der Methoden der analytischen Geochemie durchgeführt worden. Auf der Grundlage dieser petrologisch-geochemischen Arbeiten sowie experimenteller Untersuchungen wurden die Mechanismen diskutiert, die die Elementverteilung in magmatischen Intrusionen granitoider Gesteine bestimmen.

Es wurden Schlußfolgerungen dahingehend gezogen, petrogenetische Probleme mit Hilfe geochemischer Methoden zu lösen. Im einzelnen konnten die Möglichkeiten der Erfassung petrogenetischer Prozesse, der stofflichen und zeitlichen Gliederung eines Granitkörpers und der Ermittlung des relativen Alters granitoider Gesteine einer Untersuchung unterzogen werden.

G. TISCHENDORF, S. LÄCHELT, Berlin, & R. HAAKE, Freiberg (Sa.)

Zur Problematik der Verteilung von Zinnmineralisationen in Raum und Zeit

Bei der Behandlung der Verteilung von Zinnmineralisationen in Raum und Zeit können zwei Aspekte unterschieden werden; regionalplanetare und lokalprovinzielle. Die auf bestimmte metallogenetische Einheiten beschränkte Ausbildung von Zinnanreicherungen im planetaren Maßstab ist auf die enge genetische Bildung einer Vielzahl von Zinnlagerstättentypen mit orogenetischen Vorgängen, insbesondere mit der Intrusion granitoider Magmatite, verbunden. Während praktisch in allen orogenetischen Perioden Zinnanreicherungen gebildet wurden, besteht zwischen dem jeweils vorherrschenden Mineralisationstyp und der Bildungsperiode ein funktioneller Zusammenhang.

Im lokalen Bereich (Erzgebirge) hängt die räumliche Verteilung der Zinnmineralisationen außerordentlich stark vom Auftreten Sn–Li F–Rb spezialisierter Granite, deren Morphologie und der Existenz von Tiefenstörungen ab. Die Intrusion der mit der Vererzung genetisch verbundenen Granitoide erfolgte im Erzgebirge offensichtlich nicht gleichzeitig: der osterzgebirgische Teilpluton ist nach K–Ar-Datierungen älter als der westerzgebirgische.

G. MATHÉ, Freiberg (Sa.)

Pyroxen- und Granat-Mischkristalle als Faziesindikatoren

Wechselwirkungen räumlicher und stofflicher Bedingungen im Bereich der Regionalmetamorphose waren schon zu Anfang unseres Jahrhunderts bekannt und führten zur Aufstellung metamorpher Zonen bzw. zur Unterscheidung von „Indexmineralen“ oder „kritischen Mineralen“ (und Paragenesen) und daraus abgeleiteter metamorpher Fazies.

Während aber bei Magmatiten neben dem Auftreten bestimmter, chemisch definierter Minerale auch die Variationsbreite von Mischkristallen sehr bald als Merkmal zur Unterscheidung einzelner Gesteinstypen herangezogen wurde, schien die Mischkristallzusammensetzung bei Metamorphiten von so vielen Faktoren beeinflußt, daß sie zwar für die Ansprache eines Gesteins, nicht aber als Kriterium für bestimmte petrogenetische Aussagen Verwendung fand.

Besonders breite Variabilität der chemischen Zusammensetzung ist bei den Gruppen der Granate und Pyroxene zu beobachten. Beide Mineralreihen sind vor allem im hochmetamorphen Bereich von Interesse, da sie dort vielfach als überwiegende oder alleinige Phasen basischer Materialien auftreten. Durch Sammlung von Analysendaten über die chemische Zusammensetzung von Granaten und Ergänzung durch neue Analysen aus dem sächsischen Granulitgebirge kann ein neues Variationsdiagramm der Mischkristallbereiche von Granat in verschiedenen Gesteinstypen vorgelegt werden.

Bei den Pyroxenen sind sowohl Einzeldaten, wie Altanteile in tetraedrischer bzw. oktaedrischer Koordination, Anteile verschiedener Endglieder usw., als auch Beziehungen koexistierender Ortho- und Klinopyroxene aussagekräftig. Für letztgenannte Pyroxenpaare wurden seit den Untersuchungen von HESS (1941) zahlreiche neue Erkenntnisse über die Verteilungskoeffizienten verschiedener Elemente gewonnen. Heute spielen die Diadochiebeziehungen einzelner Atome in koexistierenden Mineralpaaren eine hervorragende Rolle bei paragenetischen Betrachtungen.

Bei Granaten und Pyroxenen können vor allem die Fe^{++}/Mg-Verhältnisse zur Deutung der Bildungsbedingungen und Bildungsräume herangezogen werden. An Hand von Beispielen verschiedener hochmetamorpher Gesteine wurde gezeigt, daß der Pauschalchemismus des Gesteins nur untergeordneten Einfluß auf die Mischkristallzusammensetzung hat. Für die Fe/Mg-Verteilung in Granaten und Klinopyroxenen scheinen allein die p-t-Bedingungen von Bedeutung zu sein.

H. KNAPE, Berlin

Trennung regionaler und lokaler Faktoren der Mächtigkeitsentwicklung

Für die regionalgeologische Untersuchung von Sedimentationsgebieten ist die Trennung der lokal bedingten Mächtigkeitsschwankungen vom großräumigen Trend oft von großem Interesse. Mit Hilfe der mehrdimensionalen Regressionsanalyse lassen sich reproduzierbare Trendkarten konstruieren, die von den subjektiven Vorstellungen des einzelnen Bearbeiters unbeeinflußt sind. Dabei ist es prinzipiell gleichgültig, ob von vorhandenen Mächtigkeitsangaben bzw. -karten oder von bereits vorliegenden Trendkarten der Ober- und Unterkante des zu untersuchenden Horizonts ausgegangen wird.

An Hand eines Beispiels aus dem Tertiär der Norddeutsch-Polnischen Senke, wo durch die Salzstrukturbildung besonders starke Mächtigkeitsschwankungen zu verzeichnen sind, wurden die Einsatzmöglichkeiten für die genannte Problemstellung erläutert. Neben einem Vergleich zwischen den mit zwei verschiedenartigen Ansätzen (Polynom- und FOURIER-Ansatz) erzielten Ergebnissen, konnte besonders auf einige Gesichtspunkte, die im Studium der Vorbereitung für eine Trendanalyse zu beachten sind, eingegangen werden. Das mathematische Modell wurde nur kurz gestreift, auf eine Behandlung der Rechenprogramme verzichtet.

H.-J. BEHR, Leipzig

Gesetzmäßigkeiten des Gefügebaus von tiefen Stockwerken

Im Gefügebau tiefer Stockwerke zwischen Schiefergebirgstektonik und dem Bereich von Anatexis und Magmentektonik ist in Abhängigkeit vom Gesteins-Teilbeweglichkeitsgrad eine gerichtete Entwicklung erkennbar. Der Formungsmechanismus und die rheologischen Eigenschaften des Krustenmaterials werden mit zunehmender Überlagerungstiefe und dem steigenden Anteil mittelbarer Teilbewegung durch Stoffumlagerungsvorgänge in Richtung Anisotropieausgleich, Raumstetigkeit und Symmetrieerhöhung der Deformation verschoben. Die Deformationen laufen über Translations- und Rekristallisationsmechanismus im Korngefüge ab.

In tieferen Stockwerken beginnen sich angreifende tektonische Kräftefelder im induzierten Stress-Strain-Feld unverzerrt abzubilden und werden damit einer Analyse zugänglich. Eine Gegenüberstellung von Merkmalen der Gefügefazies zur mineralfaziellen Entwicklung metamorpher Komplexe wird angestrebt.

Die Tangentialdeformationen höherer Stockwerke werden mit der Tiefe zunehmend von vertikaldeformativen Prozessen abgelöst, die sich vor allem im Grundgebirgsdiapirismus äußern. Das Grundgebirge im S der DDR läßt nach einer raum-zeitlichen Präparierung der polymetamorphen Einzelprozesse prinzipielle Gesetzmäßigkeiten in der Gefügeentwicklung des Grundgebirgskristallins beispielhaft erkennen. Zusammenhänge im Sinne eines echten tektonischen Stockwerkbaus werden erkennbar.

Ein sinnvolles Studium der strukturbildenden Vorgänge in tieferen Krustenbereichen zur Charakterisierung des funktionalen Gefüges ist nur möglich, wenn die morphologische Analyse des gestaltlichen Gefüges mit den theoretischen und experimentellen Grundlagen von Festkörperphysik, Rheologie und Verformungswissenschaften verknüpft wird.

E. SCHROEDER, Berlin

Das Bewegungsbild der ozeanischen Kruste und Aspekte globaler Tektonik

Die Ergebnisse geophysikalischer und geologischer Forschungen im Bereich der Ozeane und Kontinentalränder haben zu einer neuen Sicht der globalen Tektonik geführt, die als Ausdruck einer tiefgreifenden wissenschaftlichen Revolution im Bereich der Geowissenschaften angesehen werden kann.

Nach der neuen, als Plattentektonik bezeichneten Konzeption wird mit einer Mobilität der gesamten Lithosphäre gerechnet. An die Grenzen der riesigen Platten, in die sich die Lithosphäre gliedert, sind tektonisch aktive Zonen gebunden. Die Platten wachsen durch Neubildung ozeanischer Kruste an den Riftzonen mittelozeanischer Rücken, verschieben sich an Transformstörungen gegeneinander und sinken vor Inselbögen oder Kontinentalrändern pazifischen Typs wieder unter andere Platten ab. Mit der neuentwickelten Tiefseebohrtechnik besteht die Möglichkeit, den Aufbau der ozeanischen Kruste direkt zu erforschen und damit die neue Hypothese zu testen. Das Konzept der Plattentektonik ermöglicht und erfordert nicht nur die Neuinterpretation von Sedimentation, Tektogenese, Magmatismus und Metamorphose in Orogenzonen, sondern darüber hinaus eine Überprüfung der bisherigen geotektonischen Leitbilder. Umgekehrt ist die Gegenüberstellung mit dem geologischen Beobachtungsmaterial Voraussetzung für die Einschätzung und für den Ausbau der Plattentektonik.

Wenn die heutige Ozeankruste geologisch jung ist, vermag nur eine Analyse der Orogenzonen Hinweise auf die vormesozoische Geschichte der Ozeane zu geben. In Abhängigkeit von der Aktivität der Plattengrenzen durchlaufen die Ozeane verschiedene Stadien mit Expansion und Kontraktion, während die Kontinentalblöcke driften. Die Entwicklung des Appalachiden-Kaledoniden-Orogens läßt auf den Werdegang des Protoatlantiks schließen.

Andesistische Vulkangürtel und Zonen mit Granitbatholithen gelten als Kriterien für Plattenabsenkung an geneigten seismischen Zonen. Die asymmetrische Verteilung der Kaliumgehalte in den Magmatiten gestattet Schlüsse auf die Richtung des Einfallens dieser Zonen. Isotopengeochemische Untersuchungen an japanischen Vulkaniten weisen darauf hin, daß mit der Platte auch ozeanische Sedimente absinken. Die Ophiolithkomplexe orogener Zonen werden als Fragmente der ozeanischen Kruste aufgefaßt, die Gesteine der Lawsonit-Glaukophan-Fazies als Bildungen der Absinkzone.

Assoziationen eugeosynklinalen Typs entstehen in Tiefseerinnen oder Inselbögen, aber auch im Tiefseebereich vor inaktiven Kontinentalrändern. Miogeosynklinale Assoziationen finden sich auf den Terrassen stabiler Kontinentalränder, in Sedimentationströgen zwischen Tiefseerinnen und Inselbögen oder als klastische Schuttfächer am Außenrand von Orogenen.

M. Reichstein, Halle

Meteoriten und ihre Krater als Zeugen planetarer Zustände und Entwicklungsvorgänge

Ausgegangen wurde von den Bedingungen des Meteoriteneinfangs durch die Erde-Häufigkeitsbeziehungen und Wirkung der Größe der Meteoriten bei der Abbremsung durch die Atmosphäre. Erkennungsmerkmale irdischer Meteoritenkrater: Stoßwellenmetamorphite, geologisches und geophysikalisches Kraterprofil. Die Substanz: Haupteinteilung der Meteorite, Erklärungsversuch der unterschiedlichen Häufigkeit — besonders der Differenz zwischen „Funden" und „Fällen".

Versuch einer genetischen Deutung der Häufigkeitsverteilung der Elemente nach dem neuesten Stand der Forschung im Sinne einer Differentiationsreihe aus der Protoplanetensubstanz. Die Rolle der Feinstruktur der Meteorite (besonders der Chondren) für Umwandlungsprozesse in der Frühphase des Planetensystems. Dazu die Kraterlandschaft des Mondes als Zeugnis für den einstigen Reichtum an Meteoriten in der planetaren Ausgangssituation.

R. Daber, Berlin

Probleme der Wechselbeziehungen zwischen Lebens- und Erdgeschichte

Die Probleme der Lebensgeschichte sind allein durch die Erforschung der Stammbäume der Verwandtschaftsbeziehungen nicht zu erfassen. Wie jede Geschichte, so hat auch die Lebensgeschichte ihre Gesetzmäßigkeiten, die es aufzusuchen gilt. Die Wechselbeziehungen zwischen der erdgeschichtlichen und der lebensgeschichtlichen Zyklizität sind durchaus nicht einfacher Natur. Im Mittelpunkt der Überlegungen stehen Fragen der Determiniertheit biologischer Systeme im Laufe der Erdgeschichte.

G. Burmann, Berlin

Organische Mikrofossilien im Präkambrium

1. Funde und morphologisch-systematische Deutung

An Hand von Literaturangaben wird ein Überblick über Vorkommen organischer Mikrofossilien aus dem Präkambrium Südafrikas, Nordamerikas, Eurasiens und Australiens gegeben. Diese zumeist durch absolute Altersangaben datierten Funde gestatten es, auf Grund morphologischer Vergleiche mit rezenten Organismen eine Aussage über die Entwicklungshöhe der häufigsten organischen Mikrofossilien des Präkambriums zu treffen.

2. Photosynthese und Atmosphäre

Der lange Zeitraum (ab etwa 3,5 Mrd. Jahren), über den im Präkambrium das Vorkommen photosynthetisierender Organismen (Phytoplankton, Phytobenthos) nachweisbar ist, sowie der wachsende Umfang der Photosynthese (zunehmende Häufigkeit und Größe der Mikroreste und der sicher zahlreichen, nicht figuriert überlieferten Algen) dürften zunächst lokal oxydische Bedingungen geschaffen und später eine globale Zunahme des Sauerstoffanteils in der vormals reduzierenden Atmosphäre und Hydrosphäre zur Folge gehabt haben. Die photosynthetisierende Tätigkeit der autotrophen Organismen wirkte sich dadurch mittelbar auf die Eh- und pH-Werte in der Hydrosphäre sowie den O_2-Gehalt und pCO_2 der Atmosphäre aus.

3. Auswirkungen

Lithologische Prozesse

Die Entwicklung der Prokaryota und schließlich der Eukaryota im Präkambrium nahm z. T. direkt, z. T. indirekt auf einige lithologische Prozesse Einfluß:

a) auf den Rückgang in der Entwicklung der typisch präkambrischen gebänderten Eisenerzformation (Jaspillite), da mit dem Verlust des reduzierenden Charakters der Atmosphäre die Möglichkeit eines weiten und umfangreichen Transports von Eisen in zweiwertiger Form entfiel;

b) auf das Auftreten rotfarbener Sedimente, da mit der Ansammlung von freiem Sauerstoff in der Atmosphäre die oxydische Verwitterung an Einfluß gewann:

c) durch die gesteinsbildende Rolle verschiedener Vertreter der Cyanophyta (Stromatolithen) und den damit verbundenen Co_2-Entzug aus dem Kreislauf;

d) durch die Akkumulation organischer Substanz in pelitischen Sedimenten und den damit verbundenen Co_2-Entzug aus dem Kreislauf;

e) durch die Ansammlung und Zersetzung organischer Substanz als einen der Faktoren bei der Bildung der sulfidischen Fazies (bakterielle Zersetzung von Eiweißstoffen und Ausfällung von Schwermetallsulfiden durch dabei freiwerdenden H_2S; Beziehung zwischen dem Gehalt an organischer Substanz und Schwermetallsulfiden in pelitischen Sedimenten).

Entwicklung der Fauna

Mit der allmählichen Anreicherung von Sauerstoff in der Atmosphäre wird die Bildung eines vor der UV-Strahlung schützenden Ozonschirms möglich. Weiterhin wird zunächst ein unterer, für die Existenz der Protozoa erforderlicher Minimalgehalt („Pasteur point") an Sauerstoff in der Atmosphäre überschritten und sodann die Entwicklung der Metazoa ermöglicht (Auftreten der „skelettlosen Fauna" am Ende des Präkambriums). Das wachsende Sauerstoffangebot konnte das Auftreten bewegungsaktiverer Metazoa begünstigen, die möglicherweise auch bereits durch räuberische Lebensweise gekennzeichnete Formen einschlossen (siehe auch Hypothese Hutchinsons über das Auftreten skeletttragender Fauna). — Da der Gehalt an freiem Sauerstoff in der Atmosphäre im wesentlichen (neben der geringeren Bedeutung, die der Photodissoziation von CO_2 und H_2O beigemessen wird) ein Ergebnis der Photosynthese der autotrophen Organismen ist, kommt der Lebenstätigkeit der Prokaryota und Eukaryota im Präkambrium mittelbar sowohl ein Einfluß auf lithologische Prozesse wie auf die Entwicklung der Heterotrophen (Protozoa, Metazoa) zu; für letztere bilden sie gleichzeitig die Nahrungsbasis.

M. BARTHEL, Berlin

Erd- und lebensgeschichtliche Wechselbeziehungen innerhalb des Biotops Flachmoor

Der Problemkreis Evolution von Ökosystemen, speziell die Frage: „Welche Entwicklungstendenzen zeichnen sich im Laufe der Erdgeschichte in den Wechselbeziehungen zwischen Biotopen und Biozoenosen ab?", wurde an Beispielen verschiedener Flachmoore untersucht. Im Mittelpunkt standen permische Moore aus verschiedenen Florenprovinzen der Erde. Es wurde Stellung genommen zur These SCHELLHORNS: „Das Verhältnis zwischen Biotop und Biozoenose verschiebt sich im Laufe der Erdgeschichte auf zunehmende Dominanz der biotopischen Komponente."

K.-A. TRÖGER, Freiberg (Sa.)

Gesetzmäßigkeiten der Beziehung von Bio- und Lithogenese im litoralen und neritischen Bereich von Karbonatsedimenten (Bereich Oberkreide)

Die fazielle Abhängigkeit von oberkretazischen Faunen wurde am Beispiel des Cenomans und Turons des Nordwestdeutsch-Polnischen Beckens und des im S anschließenden Sächsisch-Böhmischen Sedimentationsraums erläutert. In der Zusammensetzung der Faunen und der relativen Häufigkeit der einzelnen Vertreter zeigt sich unter Berücksichtigung diagenetisch bedingter Verfälschungen der Faunenbilder eine klare Abhängigkeit von den lithologischen Ausbildungen. Dabei spielen Fragen des Reliefs, der Anwesenheit von Meeresströmungen unterschiedlicher Temperatur sowie klimatische Veränderungen im Untersuchungsabschnitt eine nicht zu unterschätzende Rolle.

Im Cenoman und Turon sind die arten- und individuenreichsten Faunen an Insel- beziehungsweise Schwellen- und Klippenzonen in relativer Festlandsnähe gebunden (sächsische Kreide). Diese Zonen zeichnen sich durch lokal beschränkte konglomeratische Schüttungen und die Sedimentation von teilweise sandigen Kalksteinen aus. Im Obercenoman und besonders in der Plenuszone treten Faunen auf, die neben zahlreichen Brachiopoden, Austern und Pectiniden lokal noch Kalkalgen, Korallen, Rudisten und Gastropoden enthalten. Innerhalb der Schwellenzonen wechselt sowohl das faunistische als auch das lithologische Bild sehr schnell. Auf den Schwellenrand zu läßt sich allerdings eine deutliche Zunahme des organischen Detritus erkennen. Die sandigen und sandig-kalkigen Ausbildungen des Beckenrands (sächsische Fazies) zeigen eine nach der Artenzahl wesentlich ärmere Fauna. Es fällt hier besonders *Exogyra columba* (SOWERBY) auf, die einen südlichen Einfluß belegt (böhmisch-mährische Kreide). Im Cenoman und in der Plenuszone gehen die Ausbildungen nach dem Beckeninneren in sandig-kalkige sowie schluffig-tonig-kalkige Ausbildungen über. Parallel dazu verläuft besonders in der Plenuszone eine deutliche faunistische Gliederung. Die Form *Hepteris septemsulcata* (ROEMER) tritt in der Nähe der Insel- und Schwellenzonen besonders in Richtung zum Beckeninneren gehäuft auf. Die Art *Glomerula gordialis* (SCHLOTHEIM) besitzt ihre größte Häufigkeit in der den Inselzonen nach dem Festland zu vorgelagerten sandig-schluffigen Ausbildungen mit einem geringen Kalkgehalt. In den beckeninneren Teilen (subherzyne Kreide, brandenburgische und mecklenburgische Kreide) sind die verhältnismäßig reinen Kalksteine des oberen Obercenomans und der Plenuszone relativ artenarm. In den tonigen Kalksteinen des unteren Obercenomans sind die Faunen arten- und individuenreicher. Sie bestehen überwiegend aus Inoceramen, Echiniden und Ammoniten. Faunistische Differenzierungen, die auch hier auftreten, lassen sich teilweise auf geringfügige fazielle Unterschiede zurückführen, sind aber andererseits zum Teil durch Faunenwanderungen bedingt.

G. OLSZAK und H. THIERBACH, Leipzig

Tiefe Becken und ihre Stellung innerhalb der Tektonosphäre

Die großen Sedimentbecken der Erdkruste zählen heute und künftig zu den größten Rohstoff- und speziell Energiequellen der Wirtschaft. Den ersten Platz nehmen dabei heute und voraussichtlich noch in den beiden nächsten Jahrzehnten die Kohlenwasserstofflagerstätten ein; weitere Mineralressourcen, darunter Rohstoffe für die Kernenergieerzeugung, erhalten zunehmend größere Bedeutung.

Aus diesem Grunde wird die umfassende Erforschung der Becken nach Struktur, Stoffbestand und Genese eine vordringliche Aufgabe. Neben der direkten, vorwiegend empirisch begründeten Erkundung mit ihren bekannten Unsicherheiten und Unzulänglichkeiten spielt die Erforschung des Tiefbaus und seiner Gesetzmäßigkeiten in der Beeinflussung der Struktur und Lagerstätten der obersten Kruste durch die Prozesse im oberen Erdmantel eine wachsende Rolle.

Aufgabe des Vortrags war es, diesen Problemen nachzugehen, Beckenstrukturen zu charakterisieren und zu klassifizieren sowie zu versuchen, Beziehungen zwischen diesen Becken und dem tieferen Untergrund herzustellen.

K.-B. JUBITZ und K. SCHMIDT, Berlin

Zu einigen Aspekten des geowissenschaftlichen Erkenntnisprozesses unter den Bedingungen der wissenschaftlich-technischen Revolution

Als direkte Folge der sich ständig erweiternden Applikation geowissenschaftlicher Forschungsergebnisse inner- und außerhalb des Teilsystems der geologischen Wissenschaften läßt sich, bezogen auf die klassische Entwicklung geowissenschaftlicher Forschungstätigkeit und die Formierung des Erkenntnis- und Forschungsprozesses, eine zunehmende Erweiterung des Forschungsgegenstands (u. a. Globalforschungen, Prozeßanalysen, Multivalenz) erkennen. Bezeichnend ist ferner die Bearbeitung von komplexen Querschnittsthemen sowie interdisziplinärer Aufgabenstellungen (u. a. Umwelt, Mensch). Entsprechend erfolgen Schwerpunktsverlagerungen bezüglich des Einsatzes der geowissenschaftlichen Teildisziplinen.

Unter den Bedingungen der sozialistischen Revolution und Großforschung kommt der integrativen Verarbeitung der in den verschiedenen Teilprozessen der Forschung gewonnenen Ergebnisse eine systembestimmende Schlüsselstellung zu. Die wissenschaftstheoretische Analyse der Teiletappen des geowissenschaftlichen Erkenntnisvorgangs, insbesondere die Klärung des optimalen Lösungswegs von Forschungslinien und der inneren thematisch notwendigen Zusammenhänge von geowissenschaftlichen Teildisziplinen, sind notwendige Grundlagen für die Einschätzung der Relevanz der Forschungsergebnisse im Rahmen des Gesamtprozesses im Hinblick auf die Steigerung seiner Produktivität.

Ein grundsätzliches wissenschaftstheoretisches und organisatorisches Teilproblem ist in diesem Zusammenhang die Rückkoppelung innerhalb eines vertikal strukturierten Forschungsprozesses von geowissenschaftlichen Forschungsprogrammen, da die sozialistische und technische Revolution hier neue qualitative Maßstäbe für die Synthese von kollektiv erarbeiteten Forschungsergebnissen der geologischen Wissenschaften sowie die erneute Problemstellung und -formulierung erfordert.

Die Formierung des Verallgemeinerungs- und Syntheseprozesses nach heuristischen Prinzipien als qualitativ verbesserte theoretische Basis praktischer geowissenschaftlicher Aufgabenstellungen ist nicht nur einer der methodischen Aspekte der 17. Jahrestagung der DGGW, sondern von grundsätzlicher Bedeutung für die Weiterentwicklung und Korrespondenz der geologischen Wissenschaften im integrierten System der Natur- und Gesellschaftswissenschaften.

* * *

Im Verlauf der Mitgliederversammlung wurde vom bisherigen Vorsitzenden ein Rechenschaftsbericht über die Tätigkeit des Vorstands und der Gesellschaft während der zurückliegenden Zeit vorgetragen. Er fand die Billigung der Versammlung, die auch nach eingehender Debatte dem neuen Statut der Gesellschaft und der Beitragsordnung zustimmte. Nach der Entlastung des alten Vorstands und der Revisionskommission wurden beide Gremien neu gewählt. Abschließend gab der neue, aus 25 Mitgliedern bestehende Vorstand das Ergebnis seiner Wahl des Vorsitzenden bekannt. Danach wird Prof. Dr. OLSZAK für weitere zwei Jahre dieses ehrenvolle Amt übernehmen.

K. KAUTER

Buchbesprechungen

DICKINSON, W. R.

The new global tectonics

„Geotimes“, Jg. 15 (1970), Nr. 4, S. 18—22

Nachdem sich W. W. BJELOUSOW in dieser Zeitschrift (16, H. 1, Berlin 1970) zu dem Thema „Die Tektonosphäre der Erde, Ergebnisse und Aufgaben der Forschung“ geäußert hat, wobei er die Vielfalt der Erscheinungen aufgezeigt und die in ihrer Erklärung aufgestellten Hypothesen kritisch beleuchtet hat, dürfte der Hinweis auf eine Konferenz für den an tektonischen Fragen interessierten Leser von Interesse sein. Sie hatte zum Thema: "The meaning of the new global tectonics for magmatism, sedimentation, and metamorphism in orogenic belts". Diese 2. Penrose-Konferenz der Geological Society of America fand in der Zeit vom 15. bis 20. Dez. 1969 auf den Asilomar Conference Grounds in Pacific Grove, Kalifornien, statt.

Von den 95 Teilnehmern waren 15 Ausländer. Etwa 30 kamen von Universitäten und Geologischen Diensten der westlichen USA, so daß sich naturgemäß viele Themen und Diskussionen mit den tektonischen Verhältnissen der Gebirge der Weststaaten der USA und Kanadas befaßten.

Besonderes Interesse erregte die Deutung der Bewegungen entlang dem San-Andreas-Verwerfungssystem und ihre zeitliche Einordnung gemäß der Vorstellung der Blocktektonik (platetectonics model), die von TANYA ATWATER (Scripps Institution of Oceanography) vorgetragen wurde. Viele, wenn auch nicht alle, betrachteten die Blocktektonik als mögliche Arbeitshypothese und drängten auf eine gründliche Durcharbeitung der zugrunde liegenden Vorstellungen. Fast alle Teilnehmer waren der Überzeugung, daß Kontinentaldrift und Ausbreitung der Ozeanböden nachgewiesene Phänomene sind und mit der Orogenese zusammenhängen. MASON HILL meinte, daß man sich jetzt fragen müsse, in welchem Ausmaß diese Erscheinungen geologische Vorgänge in den Kontinenten beeinflussen, d. h., welche bedeutenden Strukturelemente noch in ihrem Ursprung und in ihrer Entwicklung als rein kontinental betrachtet werden können.

Weltweite Vorgänge als Ursachen der Orogenese wurden in einem Vortrag von SEIYA UYEDA und TOKIHIKO MATSUDA vom Earthquake Research Institute der Universität Tokio über orogenetische Prozesse auf den japanischen Inseln aufgezeigt. Die Beziehungen zu Tiefseegräben, Metamorphosegürteln, geneigten seismischen Zonen und magmatischen Bögen können als Modell für ähnliche Fälle in anderen Gebieten der Erde, vor allem im zirkumpazifischen Raum dienen. Besonders interessierte die Deutung der Verteilung der Wärmeströme innerhalb der Bögen.

Die Entwicklung des Appalachian-Caledonian orogenic belt, eines durch die Öffnung des Atlantik getrennten Gebirgszugs, war das Thema eines Vortrages von J. F. DEWEY aus Cambridge und von J. M. BIRD aus Suny (Albany). In Zusammenarbeit wurden die Reste des Gebirgszugs in Amerika und Europa studiert und gemeinsam gedeutet.

Folgende weitere Themen der Konferenz standen zur Debatte:

- Orogenetische Prozesse an den Rändern der Kontinente, die geophysikalisch nachweisbar sind.
- Tektonische Stellung von Grauwacken, Wechsellagerungen und Blauschiefern, die sich aus geologischen Beobachtungen ergibt.
- Tektonische Beziehungen von intrakontinentalen Überschiebungszonen.
- Zeitliche und räumliche Bedeutung von Krustenbewegungen und Sedimentation entlang vermuteter Bewegungszonen, besonders der San-Andreas-Verwerfung.
- Tektonische Deutung der Indonesischen und Austroasischen Inselgruppen nach dem Modell der Blocktektonik.
- Entstehung der Ophiolithzonen und alpinotypen Peridotit-Gabbro-Massen.
- Beziehungen zwischen Andesitketten und Batholithgürteln sowie die Herkunft der Magmen.
- Der Platz der Geosynklinaltheorie und Terminologie in dem neuen System der globalen Tektonik.

Bei den Diskussionen wurde immer wieder der Begriff „subduction zone“ (Verschluckungszone) verwendet, wenn in einer langgestreckten Zone Gesteine der Kruste infolge Faltung oder Verwerfung oder einer Kombination beider Prozesse gegenüber den Gesteinen eines angrenzenden Blocks tief versenkt werden.

Nach Ansicht des Referenten waren bis zum Ende der Konferenz drei Schwierigkeiten zu erkennen, die eine Verbindung mit der bisher als zutreffend erkannten Geosynklinaltheorie verhinderten. Zunächst sind die Vorstellungen von eugeosynklinalen und miogeosynklinalen Folgen zu wenig präzise, um das Modell der Blocktektonik richtig auswerten zu können. Man hat zuviel Wert auf die Ausbildung eines topographischen Trogs gelegt, als sich die Entstehung einer mächtigen geschichteten Folge auf verschiedene Weise zu erklären. Zweitens sollen die vermutete geosynklinale Eintiefung oder die Ansammlung einer mächtigen Schichtenfolge oder beide eine direkte Ursache der Lage und des Ausmaßes des späteren Orogens sein. Drittens soll es eine Norm für die Ausbildung von Orogenen geben, wodurch viele irrtümliche Annahmen entstanden sind. Nach dem Modell der Blocktektonik wird sich voraussichtlich eine beschränkte Anzahl orogenetischer Ereignisse und tektonischer Elemente feststellen lassen, jedoch werden sich weder die Aufeinanderfolge der Ereignisse noch das Nebeneinander tektonischer Elemente mit Sicherheit in jedem orogenetischen Bereich erwarten lassen. Ganz allgemein kann festgestellt werden, daß jeder größere orogenetische Gürtel seine eigene Entwicklung erkennen läßt, wenn gewisse Züge auch in anderen wiedergefunden werden können.

Am Schluß seines Berichts bemerkt der Verf., daß man kaum begonnen hat, die Bedeutung der neuen Vorstellungen über globale Tektonik für die Entwicklung der Orogene auszuloten. H. REH

SANDER, B.

An introduction to the study of fabrics of geological bodies (1. engl. ed.)

Oxford (usw.): Pergamon Press, XVII, 1970. — 641 S., davon 8 S. Lit. (mit 232 Tit.), 8 Taf., 4°, 12 £ 32,00 s

Das vorliegende Buch ist die erste englische Ausgabe der SANDERschen „Einführung in die Gefügekunde geologischer Körper“. Die autorisierte Übersetzung hatten Prof. F. C. PHILIPPS und Prof. G. WINDSOR, beide Universität Bristol, übernommen. Die deutsche Ausgabe gab SANDER in zwei Bänden heraus. 1: Allgemeine Gefügekunde und Arbeit im Bereich Handstück bis Profil (Wien und Innsbruck 1948); Teil 2: Die Korngefüge (1950). Das Werk ist die Frucht einer sich über vier Jahrzehnte erstreckenden, intensiven Arbeit. Mit der gefügekundlichen Arbeitsweise hat Prof. SANDER nicht nur völlig neue Wege in der Betrachtung spezieller geologischer Probleme aufgezeigt, sondern seine Erkenntnisse bedeuten auch einen wichtigen Schritt auf dem Wege zu einer „Gefügekunde mehrphasiger Gefüge als eines selbständigen Zweiges der Zustandslehre“. Die von SANDER an geologischen Körpern bei umfangreichen, sehr sorgfältigen Untersuchungen und deren kritischer Auswertung gewonnenen Ergebnisse haben sich inzwischen auch in ihrer Anwendung auf anderen Gebieten bewährt; und gerade dies macht die „Gefügekunde geologischer Körper“ selbst für Fernerstehende so interessant und anziehend und hat den Verlag mit zur Herausgabe einer Übersetzung bewogen.

Die deutsche Ausgabe der Gefügekunde wurde von HOENES ausführlich referiert (Z. Min., Teil II, Jg. 1951, S. 9—11, Stuttgart 1950). Seinen Ausführungen wird im Nachstehenden teilweise gefolgt. — Band 1 erläutert im einführenden Hauptteil Begriffe und Objekte der Gefügekunde und zeigt die Möglichkeiten ihrer Anwendung auf geologisch-tektonischem, mineralogischem, technischem und biologischem Gebiet. Die vielfältigen Beziehungen zwischen morphologischem und funktionalem Gefüge, die Rolle des Faktors Zeit in den raumrhythmischen Anlagerungsformen der Sedimente sowie die Bewegungsbilder affiner und nichtaffiner Umformungen werden eingehend dargelegt. Der zweite Hauptteil bringt die Darstellung der feldgeologisch meßbaren Gefügedaten in flächengetreuer Projektion. Im dritten Hauptteil werden die Handhabung, aber auch die Grenzen gefügekundlicher Fragestellungen an den Beispielen von Graniten, Migmatiten und Salzlagerstätten aufgezeigt.

Band 2 behandelt sehr eingehend das spezielle Korngefüge, wobei wenige Beispiele (Quarz, Kalzit, Glimmer) ausführlich erläutert werden. Die Methode der Achsenverteilungsanalyse (AVA) läßt auch inhomogene Gefügebereiche erkennen und darstellen.

Die Bedeutung des Buchs liegt auf verschiedenen Ebenen. In ihm wurde eine völlig neuartige Arbeitsrichtung vorgetragen und begründet, so daß dieses Buch mehrfach als „Markstein in der Entwicklung der Petrographie und Tektonik" bezeichnet wurde. Außerdem ist es zugleich der Ausgangspunkt einer allgemeinen Gefügelehre körniger Körper geworden. Mit der nun vorliegenden englischen Übersetzung der „Einführung in die Gefügekunde geologischer Körper" wollten Übersetzer und Verlag die englischsprachigen Leser mit der Gedankenwelt SANDERS vertraut machen. Die drucktechnische Ausstattung des Buchs sowie die Wiedergabe der 166 Abbildungen im Text sind vorzüglich. Der ersten englischen Ausgabe der Gefügekunde ist eine große Verbreitung zu wünschen. K. DETTE

MASKOWITSCH, K. A.

Methoden paläotektonischer Untersuchungen bei der Suche von Erdöl und Erdgas

Moskau: Verl. Nedra, 1970. 152 S., 67 Abb., 104 Lit.

Bei der Suche von Erdöl und Erdgas, insbesondere in Gebieten komplizierter geologischer Verhältnisse, ist neben den Kenntnissen über die Morphologie von Strukturen die Untersuchung ihrer Entstehung und Entwicklung von Wichtigkeit. Die Effektivität erdölgeologischer Arbeiten kann allein durch eine Verbesserung der seismischen Untersuchungen und durch die Vergrößerung der Bohrteufen nicht gesteigert werden. Von großer Bedeutung ist eine umfassende, komplexe und tiefgreifende Auswertung der geologischen und geophysikalischen Informationen zur Ermittlung von Gesetzmäßigkeiten und zum Feststellen von Verbindungen einzelner Erscheinungen miteinander.

Die vorliegende Arbeit enthält einige Empfehlungen zur Nutzung und Auswertung geologischer Daten mit paläotektonischen Methoden. Interessant sind die herausgearbeiteten Zusammenhänge zwischen dem Alter tektonischer Strukturen und den vorhandenen Erdöl-Erdgas-Lagerstätten sowie die Nutzung dieser Zusammenhänge bei der prognostischen Einschätzung der Produktivität lokaler Strukturen, die durch seismische und bohrtechnische Arbeiten gefunden wurden. H. SCHNEIDER

Autorenkollektiv

Deep sea drilling project; Leg 9

„Geotimes", Jg. 15 (1970), Nr. 4, S. 11—13

Das Bohrschiff „Glomar Challenger" verließ Papeete auf Tahiti zu seiner 9. Bohrreise am 6. Dez. 1969 und kam am 27. Jan. 1970 in Panama an. Es wurden 17 Bohrungen auf 9 Bohrpunkten (76 bis 84) in Meerestiefen von 3096 bis 4598 m niedergebracht. Die Bohrlochtiefen schwankten zwischen 9 und 481 m. Insgesamt wurden 3435,6 m abgebohrt. Von einer Gesamtkernstrecke von 1692,8 m konnten 1537,7 m Kern gewonnen werden. Das entspricht einem Gewinn von 90,8%.

Mit den Bohrungen der 9. Bohrreise sollte vor allem die Biostratigraphie des äquatorialen Pazifiks in W-Richtung studiert werden, wobei nach Möglichkeit Proben der unterlagernden Gesteine zu nehmen und die auflagernden Sedimente nach dem Fossilinhalt zu datieren waren. In 8 Bohrpunkten wurde Basalt als Unterlage angetroffen, jedoch ließ die Beschaffenheit der direkt aufliegenden Sedimente erkennen, daß es sich um intrusive Basalte handelte.

Mit Ausnahme des Bohrpunkts 76, nördlich der Tuomotu-Inseln, trafen alle Bohrungen die mächtigen Schlickablagerungen der äquatorialen Zone hoher Produktivität an. Am Bohrpunkt 76 mußten 2 Bohrungen nach Durchteufung einer Wechsellagerung von kalkigen Turbiditen und phillipsitischen Roten Tonen in verkieselten Turbiditen des unteren Pliozäns eingestellt werden.

Der Bohrpunkt 78 liegt nördlich der Clipperton-Bruchzone, in der Sedimente des mittleren Miozäns ausstreichen. Die durchgehend gekernte Bohrung zeigt kieselig-kalkigen Schlick, der nach unten in kalkigen Schlick und Kreide übergeht, die dem Basalt auflagern. Das Profil reicht vom unteren Oligozän bis zum mittleren Miozän. Aus dem Vergleich der Altersbestimmungen nördlich und südlich der Clipperton-Bruchzone wird auf seitliche Verschiebung entlang dieser Zone um einige hundert Kilometer geschlossen.

Mit den Bohrpunkten 77, 79, 80, 81 und 82 sowie 83 und 84 wird das mit der Bohrreise 7 begonnene W—E-Profil über den East-Pacific-Rücken hinweg fortgesetzt. Es wurden in allen Bohrungen wohlgeschichtete Sedimente, in denen mehr oder weniger kieselig-kalkige Schlicke nach unten in Kreide übergehen, angetroffen. Sie bestehen vorwiegend aus Resten von Coccolithophoren, Diatomeen, Foraminiferen und Radiolarien. In den Sedimentationsraten läßt sich eine Abhängigkeit in der Lage zum Äquator erkennen.

Im Alter der tiefsten Sedimente über dem Basalt läßt sich eine unterschiedliche Abnahme in Richtung auf den East-Pacific-Rücken erkennen, aus der auf eine zunehmende Ausbreitung des Ozeanbodens vom Obereozän bis Mittelmiozän, dann auf eine wesentlich geringere Ausbreitung zwischen dem Mittelmiozän und der Gegenwart zu schließen ist. Aus dem Alter der tiefsten Sedimente am Bohrpunkt 83 werden gleiche Ausbreitungsverhältnisse östlich des East-Pacific-Rückens abgeleitet, wie sie westlich dieses Rückens festgestellt wurden.

Aus dem Alter der tiefsten Sedimente und den Sedimentationsraten ergibt sich, daß der Pazifik-Ozeanboden vom Obereozän bis Mittelmiozän mit zunehmender Geschwindigkeit (8 cm/Jahr bis 13,3 cm/Jahr) in westlicher Richtung wanderte. Dann ergaben sich im Mittelmiozän eine mehr nördliche Komponente der Bewegung und ein Rückgang der Geschwindigkeit auf die Hälfte. H. REH

H. KERN

Zur Geochemie und Lagerstättenkunde des Chroms und zur Mikroskopie und Genese der Chromerze

Berlin–Stuttgart: Gebr. Borntraeger 1968. — Clausthaler Hefte zur Lagerstättenkunde und Geochemie der mineralischen Rohstoffe, H. 6, 236 S.

Im Teil 1 wird die Geochemie des Chroms abgehandelt. Es werden zunächst seine physikalischen und chemischen Eigenschaften beschrieben, wobei besonderer Wert auf die Erwähnung physikochemischer Parameter bei verschiedenen geochemischen Prozessen gelegt wird. Anschließend werden die Chromminerale und Diadochiebeziehungen des Chroms behandelt. Bei jedem Mineral finden sich Angaben über die chemische Zusammensetzung, die Struktur und das Auftreten. Es sei nur darauf hingewiesen, daß das Cr-haltige Silikat Tawmawit nicht in China gefunden wird, sondern in den in Oberburma (Union von Burma) gelegenen Kachinbergen. In weiteren Kapiteln wird die Geochemie des Chroms im kosmischen, magmatischen und sedimentären Bereich beschrieben. Es wird z. B. nicht nur der Cr-Gehalt der magmatischen Gesteine, sondern z. T. auch der der einzelnen gesteinsbildenden Minerale angegeben. Den Abschluß von Teil 1 bilden Angaben über Chrom in Kohlenaschen, im metamorphen Bereich und in der Hydrosphäre.

Im Teil 2 werden die Lagerstättenkunde des Chroms und die Mikroskopie der Chromerze abgehandelt. Der Verf. setzt sich mit den verschiedenen Grundkonzeptionen zur Entstehung von chromitführenden Ophiolithkomplexen auseinander und kommt zu dem Schluß, daß diese sowohl in den anorogenen als auch in den orogenen Gebieten aus der In-situ-Differentiation von mehr oder weniger schmelzflüssig-homogen intrudierten Magmen entstanden sind. Nach der Kennzeichnung der wichtigsten Lagerstättentypen werden mikroskopische Beobachtungen an Chromerzen beschrieben. Den Abschluß bilden genetische Betrachtungen über die Bildung und Umbildung von Chromitlagerstätten.

Die Arbeit ist eine Auswertung und Darstellung des neuesten Kenntnisstands über die Geochemie und Lagerstättenkunde des Chroms, die jedem von Nutzen ist, der sich binnen kurzer Zeit einen Überblick über die dargestellte Problematik bzw. Einblick in Einzelprobleme verschaffen will.

J. RENTZSCH

R. W. ANDREWS

Wollastonite

Her. Majesty's Stationery Office, London 1970, 114 S., 9 Abb., 4 Fototafeln, sh 13.—

Der Autor legt mit dieser Monographie eine umfassende Zusammenstellung über das Mineral Wollastonit, seine bedeutendsten Lagerstätten und Vorkommen und seine Gewinnung und Verwendung als Rohstoff in der Industrie vor. In den letzten 20 Jahren hat Wollastonit als industriell genutztes Mineral an Bedeutung gewonnen.

Im ersten Teil der Monographie werden exakte mineralogische und geochemische Daten (physikalische und optische Eigenschaften, Hauptelementanalysen) vermittelt. Generelle Ausführungen über die Art des geologischen Vorkommens von Wollastonit — $CaSiO_3$ — zeigen, daß a) ein großer Teil der Lagerstätten durch Kontaktmetamorphose in Kalksteinen entstanden ist, b) die Bildung durch Kontaktmetasomatose kalkiger Sedimente und durch Kontamination von kalkigen Sedimenten in magmatischen Gesteinen möglich ist und c) Wollastonit Bestandteil vieler Gesteinstypen ist.

In kürzeren Kap. werden Angaben über Abbau, Aufbereitung, Methoden der Qualitätskontrolle (z. B. Korngröße, Verteilung, Eigenschaften der Ölabsorption) und über Verwendungszweck übermittelt. Hauptabnehmer des Rohstoffs Wollastonit ist die keramische Industrie, die mehr als die Hälfte der Weltproduktion zur Herstellung von Kacheln und Fliesen, Lasuren und anderen keramischen Produkten verwendet. Weitere Anwendungsbereiche liegen in der Farb- und Elektro- sowie Plaste- und Gummiindustrie.

In den folgenden Kap. erscheinen detaillierte Angaben über Produktionszahlen, Verbrauch in der Industrie, Handelsbeziehungen, Absatz, Preise und Tarife. Der erste Teil der Monographie schließt mit Angaben über Eigenschaften, Produktion und Verwendung von synthetischem Kalziumsilikat.

Im zweiten Teil ist ein umfassendes Kap. (39 Seiten) den Weltvorkommen von Wollastonit, unter besonderer Berücksichtigung der Vorkommen in den Commonwealthländern, gewidmet. Von den bedeutendsten Vorkommen liegt eine Lagerstättenbeschreibung vor. Die wichtigsten Lagerstätten des Commonwealth liegen in Kanada, Kenia, Indien und Tasmanien.

Die Sowjetunion verfügt über etwa 50 Lagerstätten, von denen die bekanntesten in Mittelasien liegen. Die afrikanischen Lagerstätten konzentrieren sich auf die Südafrikanische Republik, Südwestafrika und die Republik Sudan. Die Lagerstätten des amerikanischen Kontinents verteilen sich auf Mexiko und die USA, wobei letztere der bei weitem bedeutendste Wollastonitproduzent der Welt sind. In Asien (außer UdSSR) sind die Lagerstätten Japans, in Europa eine Lagerstätte im SE Finnlands zu erwähnen.

Dem Text sind fast 500 Literaturangaben, nach Sachgebieten geordnet, und ein Sachregister nachgestellt. Der inhaltliche Aufbau der Monographie gestattet, daß ein großer Personenkreis verschiedener geowissenschaftlicher Fachrichtungen Informationen entnehmen kann.

B. SCHIRMER

Neuerscheinungen und Literaturhinweise

LUKASCHEW, K. I., u. a.

Das Erdöl Belorußlands

Minsk: Verl. Nauka i technika, 1969. 201 S., 183 Lit.

SAMOJDA, A. I., u. a.

Review of foreign stratigraphic codes. — Trudy Meswedomstw. Stratigr. Komitet SSSR. Min. Geol. SSSR. AN SSSR. TOM

Moskau: Verl. Nauka, 1969. — 103 S., 18 S. Lit.

SMIRNOWA, N. W., & W. P. JAKUSCHEW

Die Eigenschaften sandiger Speichergesteine in großen Tiefen

Moskau: Verl. Nauka, 1969. 83 S., 75 Lit.

KNORING, L. D.

Mathematische Methoden bei der Untersuchung des Bildungsmechanismus der tektonischen Klüftung

Leningrad: Verl. Nedra, 1969. 85 S., 30 Lit.

KALETA, A., u. a.

Some aspects of computer application to the geophysical interpretation of well logging data

Katowice: Prace instytutu naftowego. — Wydawnictwo Śląsk, 1969. 25 S., 12 Lit.

KALGANOW, M. I., & M. A. KOSSOWSKIJ

Kursker Magnetanomalie

Moskau: Verl. Nedra, 1968. 254 S., 4 S. Lit.

PROCHAZKA, K., u. a.

Strontium and barium-bearing salts in the Wieliczka deposits Prace mineralogiczne

Warschau: Wydawnictwo geologiczne, 1969. — 73 S., 2 S. Lit.

SIWOKON, W. I.

Untersuchung und Bewertung von Lagerstätten primärer Kaoline

Moskau: Verl. Nedra, 1969. 135 S., 32 Lit.

KARZEW, A. A., u. a.

Paläohydrogeologie

Moskau: Verl. Nedra, 1969. 149 S., 156 Lit.

Informationen

Bergbauproduktion der DDR 1969

Nach den Angaben des Statistischen Jahrbuchs der DDR 1970 wurden während des Jahres 1969 insgesamt produziert:

Rohbraunkohle	254553000 t
Steinsalz	1910900 t
Siedesalz	60600 t
Schwefel	109554 t
Kalidüngemittel	2349000 t (K_2O)
Roheisen	2098300 t
Zement	7410000 t

An der Erzeugung von Elektroenergie waren 1969 anteilmäßig beteiligt:

Steinkohle	mit	1,6%
Rohbraunkohle	„	82,3%
Braunkohlenbriketts	„	2,2%
Wasserkraft	„	1,9%
Mineralöl	„	2,7%
Sonstige Brennstoffe	„	9,3%
		100,0%

An Talsperren und Speicheranlagen mit einem Stauraum über 5 Mill. m^3 stehen der DDR 24 Objekte mit einer Gesamtfläche von 79,2 km² und einem Gesamtstauraum von 878,6 Mill. m³ zur Verfügung.

Erdölsuchgebiet Schwarzes Meer

Bisher konzentrierte die UdSSR ihre Sucharbeiten auf untermeerische Erdöl- und Erdgaslagerstätten auf das Kaspische Meer. Seit neuestem tritt auch das Schwarze Meer in dieser Hinsicht in den Vordergrund des Interesses. Ausgelöst wurde diese Entwicklung durch die tatkräftige Hilfe sowjetischer Experten bei den ausgedehnten Sucharbeiten der Bulgaren in deren Küstenbereich. Sie begannen 1968 400 m vor der Küste von Kawarna. Hier wurden bereits gute Ölspuren angetroffen. Nach eingehender seegeophysikalischer Vermessung konnten dort bereits 10 mögliche Erdöl- und Erdgasstrukturen festgestellt werden (PPS).

Die UdSSR selbst bohrt etwa 120 km südlich von Odessa im Schwarzen Meer auf Erdgas. Auch die SFR Rumänien lenkt augenblicklich ihre Aufmerksamkeit auf ihre Schwarzmeerküste, insbesondere auf das Gebiet des Donaudeltas, das z. Z. geologisch und geophysikalisch intensiv untersucht wird.

Erdgas auf Arktischen Inseln

Über die aufsehenerregenden Erdölfunde im Norden von Alaska und in der Mündung des Mackenzieflusses darf man die Erfolge auf den nördlich davor liegenden Inseln nicht übersehen.

Die Entwicklung dort nahm ihren Ausgang mit einer Bohrung bei Drake Point, auf der Sabinehalbinsel, der Melville-Insel. Hier ereigneten sich zwei so heftige Gasausbrüche, daß sie nur mit Mühe unter Kontrolle gebracht werden konnten. Beim Abteufen der Bohrung wurden insgesamt 5 Speicherhorizonte festgestellt, von denen die drei tiefsten, unter 2960 m, als unwirtschaftlich angesprochen werden. Die beiden oberen liegen in ca. 1100 bzw. 1425 m Teufe. Sie liefern zusammen bis zu 3700 m³ Erdgas pro Tag. Geringe Ölspuren wurden festgestellt. Man nimmt an, daß sich die Erdgasstruktur 50 km weit nach Westen hinzieht.

Außerdem sind die nördlicher gelegenen Inseln Ellef-Ringnes-Insel und Achsel-Heiberg-Insel in den Vordergrund des Interesses gerückt. Als aussichtsreichste Position wird die Erstlingsbohrung Hoodoo Dome bezeichnet, die (laut PPS) auf einem Salzstock von rund 650 m² Ausdehnung auf der Ellef-Ringnes-Insel angesetzt worden ist.

Zum Vergleich liegt Hoodoo Dome mit 78° wesentlich näher am Nordpol als die bisher nördlichste Bohrung auf Spitzbergen, die auf 77° nördlicher Breite angesetzt war.

Erdöl im Küstenbereich der VR Kongo (Brazzaville)

Etwa 20 km vor der Küste der VR Kongo, in dem als Emerande-Meer bezeichneten Seegebiet, wurde (laut PPS) im Frühjahr 1969 die erste Offshore-Bohrung fündig.

Die Erdöllagerstätte soll sich über eine Fläche von 15 km² hin erstrecken. Man glaubt auf Grund der ersten Versuchsförderung, eine große Lagerstätte angetroffen zu haben. Vorratsmengen wurden bisher nicht bekannt. Es soll sich um ein recht zähflüssiges Erdöl handeln, das unter geringem Druck steht. Erschwerend für den Abbau der Lagerstätte macht sich die relativ hohe Wasserbedeckung von ca. 70 m bemerkbar.

Erdgasvorräte in der Bass-Meerenge (Australien)

Das Büro für Bodenschätze (Mineral Resources) in Australien schätzt den Umfang der nachgewiesenen Erdgasvorräte jetzt (laut PPS) auf mehr als 244 Mrd. m³. Dabei entfallen 85 Mrd. m³ auf das neue Gasfeld Snapper. Die letzte Schätzung lag bedeutend tiefer. Sie nannte 160 Mrd. m³, davon 100 Mrd. m³ für das Feld Marlin, 51 Mrd. m³ für Barracouta und knapp 9 Mrd. m³ für die Felder Halibut und Kingfish.

Des weiteren wird berichtet, daß z. Z. 20 Rotarygeräte in Betrieb sind. Drei von ihnen sind vor der Küste im Gippsland-Becken eingesetzt, eines bohrt in Westaustralien nach Erdöl in der Nähe der Barrowinsel. Die übrigen sind Landbohrtürme.

Erdgas in der Zentralwüste von Australien

In dem Jahresbericht von „Delhi Australian Petroleum“ für 1969 wird darauf hingewiesen, daß im sogenannten outback, der menschenleeren Wüste von Zentralaustralien, an den Grenzen der Staaten Südaustralien und Queensland fünf Erdgasfelder liegen, deren Vorräte derzeit auf fast 80 Mrd. m³ geschätzt werden.

Sinkende Erdölförderung Israels

Die ohnehin nur geringe Erdölförderung Israels ist (laut PPS) trotz der widerrechtlichen Inbesitznahme der ägyptischen Erdölfelder im Sinaigebiet rückläufig. Aus den Feldern bei Heletz, südlich von Aschkelon, liegen folgende Produktionsziffern vor:

1968 = 114305 t,
1969 = 99142 t.

Ebenfalls rückläufige Tendenz weist die Produktion der Erdgasfelder im nördlichen Negew, nahe des Toten Meeres, auf:

1968 = 142 Mill. m³,
1969 = 138 Mill. m³.

Die bisher wenig erfolgreiche Such- und Erkundungstätigkeit reizte nicht zu größeren Investitionen, so daß im Jahre 1970 nur insgesamt 8 Landbohrungen ausgeführt wurden. Daneben allerdings begannen 6 Bohrungen vor der Küste, etwa $18^1/_2$ km von Aschdod entfernt.

Dessenungeachtet wird der Bau einer großen Rohölleitung vom Golf von Akaba bis zum Mittelmeer mit großem Eifer betrieben, obwohl z. Z. niemand weiß, auf welche Weise diese Kapazität in Zukunft genutzt werden kann.

Transport von flüssigem Erdgas in der Sowjetunion

Im Augenblick wird in der Sowjetunion ein neues, sensationelles Projekt in Angriff genommen. Sowjetische Wissenschaftler haben die Technologie für den Flüssigkeitstransport von Erdgas durch eine Pipeline im Umfang von jährlich 100 Mrd. m³ Erdgas ausgearbeitet. Die Leitung beginnt in Westsibirien und endet im Zentrum des europäischen Teils der UdSSR. Das Gas wird unmittelbar im Erdgasrevier durch Abkühlung auf —100 °C verflüssigt. Die Rohrleitung wird Pumpwerke enthalten, in die spezielle Anlagen eingebaut sind, die das Flüssiggas in seinen ursprünglichen Aggregatzustand zurückführen, damit es von dort aus weiterhin unmittelbar an die Verbraucher weitergeleitet werden kann.

In Zusatzprojekten ist ferner geplant, Flüssiggas zur Entsalzung von Meerwasser sowie bei der Produktion von Helium, Stickstoffdünger, Zement, Gummi und Kunststoffen zu verwenden.

Kohlenvorräte der VR Polen

Die Regierungsstellen der VR Polen haben der ECE Zahlen über die Kohlenvorräte des Landes und über die stattgefundene und geplante Produktion vorgelegt. Danach werden die Vorräte an Steinkohlen bis zu einem Teufenbereich von 100 m, mit Flözmächtigkeiten über 0,8 m — bei Kokskohle sogar ab 0,6 m — wie folgt eingeschätzt:

In Górny Śląsk liegen 80 Mrd. t, davon im heutigen Abbaubereich 17,6 Mrd. t. In dem Stockwerk von 1000 bis 1200 m Teufe sollen weitere Vorräte in der Größenordnung von 20 Mrd. t anzutreffen sein, besonders Kokskohle.

Für Dolny Śląsk werden Vorräte von 0,57 Mrd. t, für Lublin 40 Mrd. t angegeben.

Die Förderung betrug 1960 = 104,4 Mill. t, 1965 = 118,8 Mill. t und 1968 = 128,6 Mill. t. 1970 sollte die Produktion 137 Mill. t erreichen und 1975 auf 160 Mill. t, 1980 auf 175 Mill. t, 1985 auf 205 Mill. t gesteigert werden.

Die Braunkohlenvorräte der VR Polen bis zu einer Teufe von 400 m wurden mit insgesamt 40 Mrd. t angegeben. Hier entwickelte sich die Förderung von 1960 = 9,6 Mill. t auf 1968 = 24,5 Mill. t. Sie soll 1975 auf 35,5 Mill. t gesteigert werden und wird 1985 mit 33,3 Mill. t leicht absinken.

Kohleabbau unter dem Meer

Bereits 1965 wurde durch Bohrungen 8 km vor der Küste von Durham eine Lagerstätte von Kohlen festgestellt. Die Vorräte konnten mit insgesamt 550 Mill. t, davon 200 Mill. t Kokskohle, berechnet werden. Nunmehr ist ein Projekt des National Coal Board (NCB) fertiggestellt, das die Erschließung dieser Lagerstätte bis zum Jahr 1975 ermöglichen soll. Der Investitionsaufwand für die Durchführung dieser Arbeiten wird mit 4—6 Mill. Pfund Sterling angegeben. Mit Aufnahme dieser zusätzlichen Produktion soll die in Nord- und Süddurham geförderte Kohlenmenge von bisher 6 Mill. t pro Jahr um 70% gesteigert werden. Die Lagerstätte wird von küstennahen Zechen aus erschlossen und abgebaut, deren Streckennetze z. Z. bereits 4 km unter das Meer reichen.

Neue Kupferlagerstätte in Kongo (Kinshasa)

Durch eingehende geologische Such- und Erkundungsarbeiten ist in der Nähe von Löbömbasji in Kongo eine neue, anscheinend sehr ertragreiche Kupfererzlagerstätte entdeckt worden. Man rechnet mit dem Vorrat von 25 Mill. t mit einem Cu-Gehalt von 5,1%. Das Lager soll 23 m mächtig sein, wobei die oberen 10 m einen Kupfergehalt von 8,4% aufweisen sollen. Es sind Vorbereitungen getroffen, um schon im Jahre 1971 mit der Produktion zu beginnen.

Mineralischer Rohstoff Wasser in der DDR

Nach Mitteilungen der „Wirtschaft" (29/70) hat die DDR den angespanntesten Wasserhaushalt aller Industrieländer. Der Nutzungsfaktor für das abfließende Wasser ist hundertfach höher als im Weltdurchschnitt und der höchste im Weltmaßstab überhaupt. In „normalen" Zeiten ist der mittlere Jahresabfluß der Oberflächenwässer mit 17 Mrd. m³ anzusetzen. In trockenen Jahren reduziert er sich auf die Hälfte und kommt damit dem derzeitigen jährlichen Wasserbedarf bedenklich nahe. Er betrug 1970 6—7 Mrd. m³ und wird sich bis 1980 auf etwa 11—12 Mrd. m³ steigern. Bei dieser Steigerung bleibt allerdings das natürliche Wasserdargebot konstant. Dadurch gewinnen die staatlichen Maßnahmen zum Schutz des Wassers und seiner sinnvollen Nutzung zunehmende Bedeutung. Der wissenschaftlich-technische Fortschritt ist ohne erhöhten Wasserverbrauch nicht zu denken. Heute werden benötigt: für die Herstellung 1 t Papier 133 m³ Wasser, für 1000 kWh Strom 219, für 1 t Zellwolle 556, für 1 t Dederon 907 und für 1 t Kunstseide 946 m³ Wasser.

Wasserversorgungsgroßprojekt im Donezbecken

In der Sowjetunion ist die erste Etappe eines Großprojekts angelaufen, das das Ziel hat, die Wasserversorgung des Donezbeckens wesentlich zu verbessern. Mit umfangreichen Verdampferanlagen sollen die industriellen Abwässer der Bergwerksbetriebe entsalzt werden. Man hat berechnet, auf diese Art zusätzlich ca. 22 Mill. m³ Trinkwasser pro Jahr zu gewinnen. Außerdem fallen bei dieser Methode wertvolle Nebenprodukte ab.

In der zweiten Etappe dieses Projekts sind erhebliche Vergrößerungen zweier Nebenflüsse im Westen des Donezbeckens vorgesehen. Mit Schleusen und Pumpen soll ihnen das Wasser aus dem Dnepr zugeführt werden, während der Abfluß durch Stauwerke unterbunden wird.

Perspektive für die Kernenergie bis 1980

Die Internationale Atomenergie-Organisation in Wien hat eine dritte Liste über die stationären Leistungs- und Forschungsreaktoren der Mitgliedsstaaten ihrer Organisation veröffentlicht. Sie umfaßt 712 Reaktoren, davon 345 Leistungsreaktoren, die bereits arbeiten, und 367 Forschungsreaktoren in 47 Ländern. Ende 1969 lieferten 91 Leistungsreaktoren in 14 Ländern ca. 15000 MW. Bis Ende 1970 soll sich die Leistung von 109 Reaktoren in 15 Ländern auf insgesamt 24500 MW erhöhen. Für 1980 wird angenommen, daß die Kapazität der arbeitenden Kernkraftwerke weit über 300000 MW liegt.

Kurznachrichten

Mehrere neue Bohrungen im Seegebiet vor **Trinidad** haben neue **Erdgas- und Erdöllagerstätten** z. T. in fast 5000 m Teufe angefahren. Die Probetests sind so zufriedenstellend verlaufen, daß mit einer neuerlichen Aufwärtsentwicklung der bereits bedrohlich abgesunkenen Kohlenwasserstoffproduktion gerechnet wird.

In die **Erdölsuche** im Bereich der Schelfgebiete des **Fernen Ostens** hat sich nunmehr auch Südkorea eingereiht. Die dortigen Küstenstreifen wurden in einzelne Suchlose aufgeteilt. Amerikanische Erdölgesellschaften zeigen starkes Interesse an dem Aufschluß dieser Gebiete.

Die gesicherten **Uranmengen der Europäischen Atomgemeinschaft**, die zu 88 DM das kg gefördert werden können, werden auf 38000 t Metallinhalt geschätzt. Davon liegen 35000 t in Frankreich und je 1500 t in Westdeutschland und Italien.

Der Leiter der geologischen Sucharbeiten im Kommissariat für Kernenergie in **Spanien**, Ricardo Arteaga, teilte mit, daß bei der **Uransuche** bisher 42000 km² aerometrisch vermessen wurden und in diesem Jahr weitere 25000 km² hinzukommen. Die bisher erkundeten Uranvorräte gab er mit 10000 t an.

In den **USA**, im Raum Mid Lake, New Mexico, ist eine neue **Uranlagerstätte** entdeckt worden, deren Metallinhalt mit 38000 t angegeben wird. Das Erz soll im Durchschnitt 0,355% U_3O_8 führen.

Die z. Z. stilliegende **Kupfergrube Avoca in Irland** besitzt Vorräte von 7 Mill. sh. t mit einem Durchschnittsgehalt von 0,98% Cu. Nach Wiederaufnahme der Förderung sollen zunächst 2000 sh. t/d, nach zwei Jahren 3000 sh. t/d gewonnen werden.

Die bei Sar Chesmeh im **Iran** entdeckten, zutage anstehenden **Kupfererze** werden auf 25 Mill. t mit mehr als 2% Cu und auf insgesamt 300 Mill. t Erz mit durchschnittlich 1,2% Cu geschätzt.

Bei Anchorage, in **Alaska**, wurde eine neue Zone mit **Blei-Zink-Silber-Vererzung** festgestellt. Sie hat eine Längserstreckung von 30 km und eine Breite von 3 km. Sie zieht sich über die Halbinsel Seward hin. Benachbart wurden kleine Lagerstätten von Molybdän und Wismut entdeckt.

Zu einem großen Zentrum der **Goldgewinnung** hat sich die mittelasiatische Wüste Kysylkum, in der **Usbekischen SSR**, entwickelt. Inmitten der Wüstenlandschaft Muruntau werden ein Tagebau für Erzförderung und ein Aufbereitungswerk errichtet.

Auf der Basis einer jährlichen Produktion von 30000 t ist eine **Halloysitlagerstätte** bei Michalowce in der Ostslowakei (**ČSSR**) berechnet worden. Sie wird über 100 Jahre lang diese Menge erbringen können und dürfte somit zu der bedeutendsten ihrer Art in Europa rechnen.

Polnische Geologen haben in der Bucht von Gdańsk Bohrungen angesetzt, um dort vermutete **Kalisalzlager** zu untersuchen. Auch wird mit dem Vorhandensein von Kohlenwasserstoffen gerechnet.

Die größte Lagerstätte **gediegenen Schwefels** in der **VR Polen** liegt bei Tarnobrzeg. Der S-Gehalt des schwefelführenden Sarmatkalksteins schwankt zwischen 16 und 35%, durchschnittlich 24%. Die Gewinnung erfolgt bis 120 m im Tagebau.

In der **VR Bulgarien** befinden sich derzeit **Wasserkraftwerke** mit einer Gesamtleistung von 1200 MW im Bau. Nach ihrer Fertigstellung im Jahre 1975 werden rund 40% der Hydroenergiequellen des Landes genutzt.

In den nächsten Heften

der

Zeitschrift für angewandte Geologie

erscheinen u. a. folgende Beiträge

O. WAGENBRETH, W. LANITZ & M. REECH: Lagerungsverhältnisse, Verwendungsmöglichkeiten und Abbauproblematik des Haselbacher Tons im Abraum der Braunkohle des Weißelsterbeckens

N. A. BELJAJEWSKI: Mineralvorräte in Australien

W. A. KUSNEZOW: Die Quecksilberprovinzen der UdSSR

M. A. MARINOW: Geologische Erforschung der Mongolischen Volksrepublik

L. M. SORKIN: Einige Fragen zur Migration von Kohlenwasserstoffen und zur Bildung ihrer Lager

W. S. SCHARFMAN: Die Kennzeichen von Schlot- und schlotnahen Zonen an erodierten Paläovulkanen

G. SCHWOKOWSKI: Inklinometermessungen und ihre Bedeutung für die Standsicherheitsuntersuchungen von Böschungen

W. W. FEDINSKIJ: Die Mineralvorräte im maritimen Bereich und die Aufgaben der marinen Erkundungsgeophysik

B. KLOSE: Die Bedeutung des MgO/CaO-Verhältnisses bei der Grundwassererschließung

D. SCHRÄBER: Asche und Müllkippen und ihre Auswirkungen auf das Grundwasser

F. STAMMBERGER: Die Methodik der industriellen Erkundung und Einschätzung von Erdöl- und Erdgaslagerstätten in den USA

W. PAECH: Zur Analyse des Begriffs der geologischen Formation

G. PESCHEL & G. OLSZAK: Entwurf einer allgemeinen Theorie der Interpretation geophysikalischer Untersuchungen

W. FISCHER, I. MAASS, G. SCHLUNGBAUM & E. SONTAG: $^{12}C/^{13}C$-Verhältnis und chemische Zusammensetzung von Xyliten

Herausgeber: Zentrales Geologisches Institut im Auftrag des Staatssekretariats für Geologie beim Ministerrat der Deutschen Demokratischen Republik. Für die kollektive Chefredaktion: Dr. K. KAUTER (Redaktionssekretär), Berlin. Redaktion: 1054 Berlin, Zionskirchstraße 34 (Fernsprecher 426001). Verlag: Akademie-Verlag GmbH, 108 Berlin, Leipziger Straße 3–4 (Fernsprecher 220441, Telex 0112020, Postscheckkonto: Berlin 35021). Bestellnummer des Heftes 1047/17/3. Alleinige Anzeigenannahme DEWAG-WERBUNG, 102 Berlin, Rosenthaler Str. 28–31, und alle DEWAG-Betriebe in den Bezirksstädten der DDR. Exportpreis: M 6,–, Sonderpreis für die DDR: M 2,– je Heft. – Satz und Druck: VEB Druckhaus „Maxim Gorki", 74 Altenburg. Veröffentlicht unter der Lizenznummer 1279 des Presseamtes beim Vorsitzenden des Ministerrates der Deutschen Demokratischen Republik, Kartengenehmigung Nr. 1000/70

Bei Fragen zur Produktsicherheit wenden Sie sich bitte an:
If you have any questions regarding product safety,
please contact:

Walter de Gruyter GmbH
Genthiner Straße 13
10785 Berlin
productsafety@degruyterbrill.com